Peter Wilkens / Johannes Birkholz

Niedere Tiere

Röhren-, Leder- und Hornkorallen

Niedere Tiere

Röhren-, Leder- und Hornkorallen

Peter Wilkens / Johannes Birkholz

Engelbert Pfriem Verlag

Titelbild: *Dendronephthya spec.* Foto: J. Winkler

Printed in Germany

ISBN 3–921677–14–9

Inhalt

Vorwort

Sechs Jahre nach Erscheinen des zweiten Bandes „Niedere Tiere im tropischen Seewasseraquarium" – der erste Band ist inzwischen leider nur noch in Englisch lieferbar – hat die Pflege mariner Wirbelloser aus subtropisch-tropischen Meeren viele neue Freunde gewonnen. Neben den immer noch beliebten Korallenfischen, allerdings meist kleinen, haltbaren Arten, haben sich immer mehr Seewasseraquarianer den reizvollen Niederen Tieren zugewandt.
Mich hat diese Entwicklung der letzten Jahre sehr gefreut, kehren wir doch damit zu den Anfängen der Meeresaquaristik, etwa um die Mitte des vorigen Jahrhunderts zurück, in denen Wirbellose und nicht Fische im Vordergrund standen.
In diesem Buch wollen Johannes Birkholz und ich die vielfältige Welt der Röhren- und Lederkorallen, der Hornkorallen und Seefedern vorstellen. Diese achtstrahligen Blumentiere *Anthozoa octocorallia* gehören nun seit einigen Jahren zu den beliebtesten Pfleglingen in unseren Meeresbecken. Wir möchten unsere langjährigen Erfahrungen in der Haltung dieser immer noch geheimnisvollen Lebewesen weitergeben und hoffen, damit ein noch besseres Verständnis für diese interessante Tierwelt zu wecken.
Das inzwischen sehr umfangreiche Tierangebot hat uns bewogen, die Wirbellosen in Einzeldarstellungen zu beschreiben und in getrennten Bändchen vorzustellen. Daher sollen weitere Bücher folgen, in denen wir uns neben neuen Techniken auch mit anderen Niederen Tieren wie Scheiben- und Krustenanemonen, Steinkorallen, Seeanemonen und Zylinderrosen befassen. Wir hoffen, damit allmählich einen Gesamtüberblick der aquaristisch geeigneten Wirbellosen bieten zu können. Ich möchte dieses Buch allen Freunden des „salzigen Hobbys" widmen und mich gleichzeitig für den vielfältigen Gedankenaustausch, heiße Diskussionen um den „richtigen Weg" und viele Freundschaften bedanken.
Mein herzlicher Dank gilt zusammen mit vielen anderen meinen Berliner Freunden vom „Verein für Meeresaquaristik Berlin e. V.", die es in der Pflege eines sogenannten Riffaquariums mit festsitzenden Blumentieren zu einer wahren Meisterschaft gebracht haben und mir unzählige bedenkenswerte Anregungen boten.
Als ich vor 25 Jahren die ersten tropischen Wirbellosen pflegte, ahnte ich nicht, daß einmal reizvolle Riffaquarien mit herrlichen Blumentieren, einschließlich empfindlichster Steinkorallen, gestaltet werden könnten. Diese schon heute erstaunlichen Erfolge lassen für die Zukunft noch einiges erwarten.
Zum Schluß möchte ich dem Verleger, Herrn Engelbert Pfriem, für die gute Ausstattung auch dieses Buches mit reichlichem Bildmaterial danken, ohne das wir die prächtigen Blumentiere nicht vorstellen könnten.

Peter Wilkens — Winterthur, im April 1986

Einleitung

In diesem Buch wollen wir uns mit einigen achtstrahligen Blumentieren *Anthozoa octocorallia* beschäftigen. Aus dieser faszinierenden Tiergruppe werden inzwischen erstaunlich viele Arten importiert, die sich zum großen Teil sehr gut im Meerwasseraquarium pflegen lassen. Unser Anliegen ist, vor allem die vielen aquaristisch geeigneten Lederkorallen vorzustellen. Die empfindlichen Hornkorallen, die meist nur unter erheblichem Pflegeaufwand zu halten sind, haben wir auf einige wenige Vertreter beschränkt. Von den Seefedern wird ebenfalls nur wenig berichtet. Zum einen wird nur eine Art regelmäßig eingeführt, zum anderen lassen sich die Tiere im üblichen Riffaquarium meist nicht gut pflegen, da sie einen hohen Bodengrund benötigen und nicht selten als sogenannte halbsessile Lebewesen im Becken umhertreiben, manchmal sogar im freien Wasserraum. Wie bei allen anderen Lebewesen unseres Planeten sind auch die unendlich vielen Blumentiere im Laufe wissenschaftlicher Forschung häufig mehrfach beschrieben worden und innerhalb des Systems immer wieder anders eingeordnet worden.

So gibt es für einen großen Teil dieser Tiere mehrere wissenschaftliche Namen, denn schon allein die sehr unterschiedlichen Wuchsformen ein- und derselben Art verführen zu Mehrfachbeschreibungen. Bedenken wir nun noch, daß die aus subtropisch-tropischen Meeren eingeführten Blumentiere zum Teil eine ungeheure Verbreitung sowohl horizontal als vertikal aufweisen, ist die Fülle der beschriebenen Arten erklärlich. Hinzu kommt, wie wir aus Aquarienversuchen feststellen konnten, daß sich die zur Bestimmung meistens verwandten Skelettstrukturen neben den äußeren Unterscheidungsmerkmalen stark verändern, wenn selbst Tiere gleicher Art unterschiedlichen Bedingungen ausgesetzt sind. Ein Beispiel mag dies verdeutlichen. Wird z. B. die häufig importierte Lederkoralle *Sarcophyton trocheliophorum* mit einem Verbreitungsgebiet vom Roten Meer über den gesamten tropischen Indo-Pazifik im Aquarium unter Leuchtstoffröhren gepflegt, so wächst sie ganz anders als unter Halogen-Metalldampflampen, Quecksilberdampflampen oder gar natürlichem Tageslicht. Dabei bildet sie auch im Laufe ihres Wachstums ganz andere Skelettnadeln und dergleichen aus, als ursprünglich vorhanden waren. Das Licht ist aber im Aquarium wie in der Natur (unterschiedliche Tiefenbesiedlung im Riff) nicht der einzige Faktor, der Wuchsform und Skelettbildung beeinflußt. Auch die Wasserbewegung und die Strömungsverhältnisse sind neben anderen Parametern maßgeblich an der äußeren Gestalt und dem Inneren beteiligt.

Da wir nicht wissen, ob die vielen systematisch beschriebenen Arten als endgültig anzusehen sind, können die hier angegebenen wissenschaftlichen Namen nicht als verbindlich angesehen werden. Wir wollen in diesem Buch auch mehr die aquaristisch geeigneten Blumentiere und ihre sinnvolle Pflege darstellen.

Lebensraum Riff und Aquarium

Die achtstrahligen Blumentiere *Octocorallia* besiedeln mit allen ihren Ordnungen im Riff die unterschiedlichsten Lebensräume. Die im Riffaquarium vorwiegend gepflegten Röhrenkorallen *Stolonifera* und Lederkorallen des Flachwasserbereichs von 0 bis etwa 8 m Tiefe siedeln in reicher Vielfalt auf abgestorbenen Riffabschnitten, die nur noch wenige Arten lebender Steinkorallen aufweisen. Einige wenige Arten finden sich auch an Felsküsten. Alle diese Blumentiere wachsen auf festem Untergrund, manche auf Geröllböden und einige wenige im Sand unterschiedlicher Körnung. Auf dies wird bei der Beschreibung der einzelnen Arten noch näher hingewiesen.

Bei meinen Studienreisen zu den verschiedenen Sammelgebieten aquaristisch interessanter Niederer Tiere stellte ich für das Vorkommen verschiedener Röhren- und Lederkorallen, aber auch Scheiben- und Krustenanemonen einige interessante ökologische Gesetzmäßigkeiten fest. Gleichgültig, ob es sich um die vom Tourismus heimgesuchten und vielfach weitgehend abgestorbenen Riffgebiete an der Küste Kenias (Mombasa), die vom ungeheuren Schiffsverkehr beeinträchtigten Riffe und Felsküsten der Straße von Malacca, vor allem zwischen Sumatra und Singapur, oder die durch die Off-Shore-Ölbohrungen geschädigten Riffe in der zentralen Javasee (Djakarta) handelte, überall wuchsen die oben erwähnten Blumentiere in weitaus größerer Artenzahl und Menge als in den noch weitgehend intakten Riffen vielfältiger Steinkorallen etwa Tanzanias oder Balis. Erhebliche Wassertrübungen organischer und anorganischer Art mit entsprechend höherem Nahrungsangebot für Röhrenkorallen, Lederkorallen oder Krustenanemonen und die damit verbundene Störung echter Steinkorallen scheinen mir die Erklärung für die reiche Fauna acht- und auch sechsstrahliger Blumentiere zu sein. Vergleichbares läßt sich auch im Roten Meer beobachten, dessen Leder-(Weich-)korallenbesiedlung etwa an der Südspitze des Sinais bei Tauchern wegen ihrer ungewöhnlichen Farbenpracht ja berühmt ist.

Mit dem höheren Futterangebot ist immer auch ein zeitweiser leichter Anstieg an Nitraten verbunden, der aber mit bis zu 1,5 ppm (mg/l) noch weitaus niedriger liegt als in den meisten Aquarien. Dennoch meine ich, daß diese Faktoren eine Ursache dafür sind, daß sich diese Blumentiere des flachen Wassers mit mehrheitlich symbiotischen Algen im Gewebe so gut in unseren Aquarien pflegen lassen.

Die von lebenden Steinkorallen weitgehend entblößte Riffplatte einer kleinen, unbewohnten Koralleninsel zwischen Sumatra und der Südspitze der malayischen Halbinsel ist für den Meeresaquarianer ein „El Dorado“ besonderer Art, während der Taucher, der Buntes sucht, wohl die Nase rümpfen würde (Bild 1, S. 17).

Bei Ebbe, besonders bei deren tiefstem Stand, liegt die Riffplatte teilweise trokken. Mächtige Lederkorallen der Gattung *Sarcophyton, Sinularia-* und *Cladiella-*Arten liegen vollkommen zusammengezogen im ganz flachen Wasser. Die Sonne prallt mit unbarmherziger Hitze und Strahlung auf die Blumentiere, so daß in den Falten einer *Sarcophyton trocheliophorum* (s. S. 32) leicht einmal 40 Grad C und mehr ausgemessen werden können.
Dringt dann wenige Stunden später mit Beginn der Flut kühleres (ca. 24 bis 26 Grad C) Wasser aus dem offenen Meer auf die Riffplatte und schwemmt die bis 35 Grad warmen Wassermassen dort fort, schwillt unsere Lederkoralle bald auf. Sie wird rund ein Viertel größer und stößt einen dünnen hautartigen, mit Schmutzpartikeln bedeckten Belag ab. Das nach Fluteintritt immer rascher über das Riff strömende Wasser wirbelt anfangs erhebliche Feinsedimente auf, so daß in Extremfällen die Sichttiefe kaum einen halben Meter beträgt. Doch schon eine halbe bis eine Stunde später ist das Wasser klarer und die *S. trocheliophorum* öffnet (Bild 16, S. 32 oben) ihren herrlichen Besatz feiner achttentakeliger Polypen.
Auch die vielen anderen Lederkorallenarten und weitere Blumentiere erstrahlen nun in ihrer blütengleichen Pracht.
Sonne und Hitze sind nicht die einzigen Faktoren einer recht extremen Umwelt, die das Leben der Tierwelt auf der Riffplatte bestimmen. Die in den Tropen oft überraschend heftigen Regengüsse, selbst in der sog. Trockenzeit, süßen das Meerwasser auf der Riffplatte sehr schnell bis zu Dichtewerten von 1,016 und darunter aus. Unsere Blumentiere müssen also auch noch einen erheblichen Dichteschock erleiden. Dieser führt oft zur Zerstörung einer großen Lederkorallen-Kolonie, die aber, im Gegensatz zu den Steinkorallen, nie völlig abstirbt. Meist zerfällt sie in Bruchstücke, die mit der Wasserströmung herumgewirbelt werden und irgendwann in einem tieferen Ebbetümpel in einer Stillwasserzone landen. Dort wachsen die Kolonieteile bald fest und bilden neue Tierstöcke (Bild 2, Seite 17).
Je nach Tidenhub wird die Tierwelt der Riffplatte bald von einer zwei bis vier Meter oder noch höheren Wasserschicht überdeckt. Die anfangs sehr kurzen Einzelpolypen unserer Lederkoralle werden nun noch einen bis über zwei Zentimeter länger. Jetzt erst sieht die *S. trocheliophorum* so aus wie ihre Verwandten, die im Vorriff oder in der Lagune ständig untergetaucht leben.

Zwischen einer *S. trocheliophorum* auf der Riffplatte und einer im Vorriff, die ständig von 3 bis 4 Metern (bei Flut 6–8 m) Wasser überlagert wird, gibt es in der Wuchsform wie in der Farbe erhebliche Unterschiede. So sind fast alle Lederkorallen des extrem flachen Wassers meist hellbeige bis leuchtend gelb gefärbt. Die Polypen weisen oft noch einen irisierenden Glanz auf. Ihre jeweiligen Verwandten im etwas tieferen Wasser zeigen sich zumeist in olivgrün bis milchkaffeebraun.

Untersuchungen ergaben, daß es sich hierbei zum einen um UV-Schutzstoffe im Gewebe der Lederkorallen auf der Riffplatte handelt. Zum anderen besitzen jene des tieferen Wassers mehr symbiotische Algen, deren hohe Sauerstoffproduktion bei den Flachwasserformen zu einer Vergiftung der Blumentiere führen würde.
Ich konnte mehrfach beobachten, wie schnell die *Sarcophyton*- uind anderen Lederkorallen-Arten der Riffplatte ihre symbiotischen Algen abstoßen, um sich von deren erheblicher Sauerstoffproduktion zu befreien. Tierkolonien, die noch an einem Tage dunkel beige waren, zeigten sich am nächsten Tag in leuchtendem Gelb.
Die Riffplatte ist nicht der einzige Lebensraum unserer Lederkorallen. Auch Vorriff und Lagune weisen in vielen Riffgebieten (Ostafrika, Sri Lanka, Mauritius, Südchinesisches Meer, Zentrale Javasee usw.) eine reichhaltige Fauna an Röhrenkorallen, Lederkorallen, Scheiben- und Krustenanemonen auf. Weder auf der Riffplatte noch in den anderen genannten Gebieten kommen jedoch alle Blumentiere bunt gemischt zusammen vor. Gerade auf den kleinen, unbewohnten Koralleninseln zwischen Singapur und Sumatra konnte ich in den letzten Jahren immer wieder sehr schön beobachten, wie unterschiedlich die Besiedlung mit einzelnen Blumentierarten auf den verschiedenen Inseln ist. Obwohl diese Eilande für den Laien oberflächlich alle gleich aussehen, gibt es in den ökologischen Faktoren doch so große Unterschiede, daß sich ganz verschiedene Tier- und Pflanzen-(Algen-)gesellschaften entwickeln.
So lassen sich, besonders im Einflußbereich von Flüssen, ausgesprochene „Algeninseln" mit einer Vielzahl an *Caulerpa*-Arten, Blattrotalgen und Braunalgen, überwiegend Sargassumarten, beobachten. Die Tierwelt ist dort recht spärlich mit einigen immer und auf allen Inseln wiederkehrenden Formen wie braune Scheibenanemonen, Lederkorallen der Gattung *Sarcophyton,* wenige Krustenanemonen, hin und wieder eine Symbiose-Anemone der Gattungen *Stoichactis* oder *Radianthus* und Steinkorallen wie *Fungia-, Favia-, Trachyphyllia-* und *Euphyllia-*Arten.
Dann konnte ich ausgesprochene Lederkorallen-Riffe beobachten, in denen sowohl die Algenflora wie auch die Besiedlung mit anderen Blumentieren äußerst spärlich ist.
Dort, wo fünf oder mehr Scheibenanemonen-Arten und Krustenanemonen zu finden waren, traten die Lederkorallen wieder sehr zurück.
Aber auch auf einer größeren Koralleninseln von einigen km² Größe und einem reichen Landpflanzenwuchs ist die Besiedlung der einzelnen Riffabschnitte sehr unterschiedlich. Faszinierend ist für mich immer wieder, mit welcher Genauigkeit meine einheimischen Helfer wußten, was wo zu finden ist.
Für den Seewasseraquarianer, der sich für einige physikalisch-chemische und ökologische Parameter interessiert, seien hier noch einige Werte angegeben, die ich auf der Riffplatte einer kleinen Koralleninsel in der Str. von Malacca im Kü-

stenbereich Sumatras ausgemessen habe. Es ist zu beachten, daß solche Messungen immer nur Momentaufnahmen sind, und die Werte schwanken. Dennoch ist es ganz interessant, einmal zu sehen, wie stabil wir unsere Aquarien halten, wenn wir deren Umweltverhältnisse mit natürlichen Standorten vergleichen. Sicher ist die gute Haltbarkcit dcr meisten achtstrahligen Blumentiere des flachen Wassers darauf zurückzuführen, daß wir ihnen im Aquarium gleichförmigere Lebensbedingungen schaffen können, als sie vielfach in ihren speziellen Lebensräumen herrschen.

Die Messungen wurden zwischen 7.00 Uhr morgens bei Ebbe-Beginn bis 16.00 Uhr nachmittags bei Fluthöchststand durchgeführt. In diesem Zeitraum stieg die Lufttemperatur von 26,5 auf 32,2 Grad C. an. Die Wassertemperatur lag um 7.00 Uhr bei 25,2, stieg bis zum Ebbetiefststand gegen 11.00 Uhr auf 27,5 Grad C mit Extremwerten in abgeschlossenen Ebbetpmpeln von 35,6 Grad C und betrug zum Fluthöchststand 24,2 Grad C. Der pH-Wert schwankte nur unwesentlich zwischen 8,35 und 8,45. Die Redoxmessungen, die ich mit einem Tunze-Meßgerät und einer Meßkette Platinelektrode gegen Silberchloridelektrode durchführte, lagen am Anfang bei 185 mV, fielen dann bei Flutbeginn und aufgewirbelten Feinsedimenten samt fauligen Bestandteilen auf 160 (extrem auf 135 mV in einem Ebbetümpel), um bei Fluchthöchststand 178 mV zu erreichen. Das aus dem offenen Meer einströmende Wasser hatte einen Wert von 192 mV. Die durchschnittliche Dichte lag bei 1,0235, an einem anderen Tag nach 4stündigem Gewitter bei 1,0165. Der Sauerstoffgehalt, elektrisch gemessen, schwankte zwischen 6,8 mg/l bis 7,2 mg/l.

Die Lichtstärke, die ich mit dem Tunze-Luxmeter in 1 m Wassertiefe kontrollierte, stieg von 2 800 Lux am frühen Morgen bis auf 14 000 gegen 11 Uhr und schwankte dann wegen wechselnder Wolken und Sonne zwischen 17 000 und 22 000 mit Spitzen bis 26 000 Lux von 12.00 bis 14.00 Uhr hin und her, um gegen 16.00 Uhr sehr schnell auf 9 000 bis 7 500 Lux zu fallen. Die Sichttiefe, die ich mit einer weißen Scheibe und 2 cm hoher, schwarzer Schrift ausmaß, lag bei Ebbeanfang bei 5 m, stieg dann bis zum Ebbetiefststand auf 8 m, um dann innerhalb einer Stunde bei Flutanfang auf 2–3 m und an einigen extremen Stellen auf 0,5 m zu fallen. Bei Fluthöchststand gegen 16.00 Uhr klärte sich das Wasser wieder rasch, und die Sichttiefe erreichte 5 m. Die Sichttiefen, die Tiefe also, bis zu der ich die schwarzen Buchstaben gerade noch erkennen konnte, ist im allgemeinen recht gering und läßt sich nicht mit jener vergleichen, die z. B. in vollkommen intakten Korallenriffen zu finden ist, wo das Wasser ja kristallklar ist.

Bei weitem nicht so extrem wie auf der Riffplatte sind die Lebensbedingungen unserer Blumentiere im Vorriff und in der Lagune. Mit zunehmender Wassertiefe entfällt schon der Schutz vor dem hohen UV-Anteil des Sonnenlichtes. Dichteschwankungen machen sich kaum noch bemerkbar. Wassertrübungen durch organische Substanzen und vor allem aufgewirbelte Feinsedimente sind aber auch hier immer wieder zu beobachten. Vor allem Stürme, die ja in allen

tropischen Regionen immer wieder mit großer Wucht auftreten, können zu tagelangen Eintrübungen eines ansonsten recht klaren Wassers führen. Aber auch der tägliche Rhythmus zwischen Ebbe und Flut wirbelt Schwebestoffe auf, die das Wasser im Gegensatz zu intakten Steinkorallenriffen mehr oder minder stark trüben. Im übrigen ist der Lebensraum von Vorriff und Lagune wesentlich gleichförmiger, sieht man einmal von den ständig schwankenden Lichtverhältnissen ab. Aus beiden Riffzonen stammt ebenfalls ein großer Teil unserer Blumentiere, vor allem verschiedene Lederkorallen, einschließlich einiger bunter Arten der Gattung *Dendronephthya,* viele *Xenia*-Arten, Zweigröhren- und Röhrenkorallen sowie einige Hornkorallen. Über das Verbreitungsgebiet der einzelnen Tierarten wird bei den Bildseiten noch Näheres berichtet.
Wir wollen unseren kleinen Ausflug, in dem natürlich nur ein Bruchteil interessanter Faktoren beschrieben werden konnte, damit abschließen und uns der Haltung der achtstrahligen Blumentiere im Aquarium zuwenden.
Da wir uns in diesem Band über Niedere Tiere aus tropischen Meeren fast ausschließlich über die Lebensbedingungen ein wenig informieren wollen, kann auf eine ausführliche Darstellung aquaristischer Technik hier nicht eingegangen werden. Dies wird in einem weiteren Büchlein geschehen. Dennoch möchten Johannes Birkholz und ich aber auf einige wichtige Faktoren zur sinnvollen Haltung der hier vorgestellten Tiere hinweisen.
Festgewachsene Blumentiere werden heute allgemein in dem Aquarientyp gepflegt, der als Riffaquarium oder Miniriff bezeichnet wird. Ein derartiges Aquarium sollte mindestens 250 l Inhalt haben, Idealgrößen liegen zwischen 400 und 700 l. Die technische Grundausstattung besteht für uns trotz angeblich „modernerer“ Geräte immer noch in einem den Aquarienverhältnissen angepaßten Entschäumer, einer guten biologischen Filterung, die wir zwecks Nitratentfernung mit der Langzeit-Spezialkohle Hydrocarbon betreiben sowie einer guten Umwälzung mittels Kreiselpumpen-Turbellen. Diese werden meist mit einem Vorfilter, der mit Watte gefüllt ist, gefahren und sorgen neben kräftigerer Wasserströmung auch für die Entfernung von allerlei Trübstoffen.
Entsprechend den vielfältigen Wasserbewegungen im Riff benutzen wir zwei oder bei großen Aquarien auch noch mehr Turbellen, die entweder über eine Zeitschaltuhr rhythmisch ein- und ausschalten oder über einen sog. Power-Timer eine der Ebbe und Flut ähnliche Wasserbewegung erzeugen. Besonders das letztere Gerät hat sich nach unseren Beobachtungen sehr bewährt, bewirkt es doch eine sehr unterschiedliche, ungleichmäßige Strömung, die gerade Lederkorallen zusagt.
Riffdekorationen baue ich sehr natürlich immer noch wie vor fast 20 Jahren aus flachen toten Korallenstöcken, die ich auf gut strukturiertem Kalkstein aufzementiere und dann entsprechend wässere. Dadurch habe ich keine sehr schwere Innenausstattung und trotzdem sehr viel Fläche für die festsitzenden Blumentiere. Gleichzeitig erhalte ich, wie Bild 4 auf Seite 20 verdeutlicht, eine wunder-

schöne Höhlenformation, in die ich bunte Weichkorallen, Hornkorallen oder Schwämme verpflanzen kann.
Johannes Birkholz zieht Kalk- und Riffgestein vor, wie Bild 3, S. 20, zeigt. Beide benutzen wir viel lebendes Riffgestein zur ausgleichenden Dekoration. Mit ihm fahren wir auch unsere Becken biologisch ein.
Der Bodengrund besteht unter der Dekoration aus grobem Korallenkies und im Vordergrund, zur Sichtscheibe hin aus Foraminiferensand „Biofora", dem wir eventuell noch etwas grobkörnigeren Korallensand untermischen. Die Schichthöhe liegt zwischen 3 und 6 cm. Die neuerdings wieder aufgestellte Behauptung, daß bei einem so hohen Bodenmaterial Faulprozesse entstünden, müssen wir aufgrund unserer jahrzehntelangen Erfahrung ins Reich der Fabel verweisen. Im Gegenteil, der hohe Bodengrund, verbunden mit der Filterung über Hydrocarbon, führt bei uns zu einer ständigen Nitratentfernung über die Prozesse der biologischen Denitrifikation, wie sie in Band II „Niedere Tiere im tropischen Seewasseraquarium" von mir erstmals für die Meeresaquaristik beschrieben wurden.
Eine Ozonisierung, die heute wieder teilweise mit viel zu hohen Ozongaben geübt wird, lehnen wir für das Riffaquarium ab, da sie unsere perfekt ablaufende Denitrifikation stört und nur zu unliebsamen Nitratsteigerungen und anderen ominösen, meist giftigen Zwischenverbindungen des Stoffkreislaufes führt.
Muß zur Wasserklärung einmal ozonisiert werden, so dürfen selbst bei großen Aquarien nur Mengen bis etwa 10 mg/h eingesetzt werden, um äußerst giftige Reaktionen zwischen dem Gas und den vielen Verbindungen im Aquarienwasser zu vermeiden, die selbst mit hochadsorptiver Kohle nicht aus dem Wasserkreislauf entfernt werden können.
Auch eine zusätzliche Kohlendioxid-Diffusion, wie sie in letzter Zeit immer wieder propagiert wird, halten wir für das Riffbecken für wenig sinnvoll. Gewiß, Meeresalgen und auch verschiedene Blumentiere mit symbiotischen Algen wachsen etwas besser, wenn man den pH-Wert künstlich auf unter 8 drückt. Da dies in der Natur nur in den seltensten Fällen vorkommt, ist gar nicht einzusehen, warum mit dann entsprechend hohem apparativem Aufwand (ständige pH-Wert-Kontrolle, ausgereifte CO_2-Diffusoren etc.) dies im Aquarium geschehen sollte. Hinzu kommt wie bei jedem technisch-künstlichen Eingriff in das komplizierte Gleichgewicht zwischen gasförmig gelöstem Kohlendioxid sowie gelöster und dissoziierter Kohlensäure auf der einen Seite und den Hydrogencarbonaten und Carbonaten auf der anderen Seite, daß immer wieder Pannen auftreten. Die künstliche CO_2-Zufuhr führt zudem in vielen Fällen zu einem nicht mehr kontrollierbaren Wuchs grüner Fadenalgen, die alles überwuchern. Auch wissen wir aus den Versuchen der letzten Jahre, daß Blumentiere, deren symbiotische Algen mit zusätzlichem CO_2 versorgt werden, das weit über die natürlichen Verhältnisse hinausgeht, sehr schnell degenerieren und entsprechend anfällig gegenüber allerlei Schmarotzern werden.

Nicht wenige Seewasseraquarianer, die stolz auf die tollen Wachstumserfolge bei Einsatz von CO_2 hinwiesen, mußten nach wenigen Monaten beobachten, daß ihre *Xenia*-Kolonien oder prächtigen Fingerweichkorallen *Sinularia* innerhalb kürzester Zeit regelrecht zerfielen.
Im übrigen stimmt es einfach nicht, daß z. B. mit einem Abschäumer das im Meerwasser vorliegende Gleichgewicht zwischen Kohlendioxid, Kohlensäure und den entsprechenden Carbonaten und Hydrogencarbonaten gestört wird, wie das im Süßwasser der Fall sein kann. Meerwasser ist nun einmal ganz anders aufgebaut und kann gerade bei den Gasgleichgewichten überhaupt nicht mit Süßwasser verglichen werden. Gerade wegen seines relativ hohen Gehaltes an stark basischen Anionen, die den pH-Wert von über 8 bestimmen, nimmt es aus der Luft ständig CO_2 auf, so daß es, wie Hunderte wunderschöner Riffaquarien beweisen, gar nicht zu einem Mangel dieses wichtigen Gases kommt. Die künstliche CO_2-Diffusion sollte man sich im Riffaquarium ersparen, sie bringt nach unseren Erfahrungen keine Vorteile.

Wichtig ist für uns dagegen nach wie vor die Zugabe von „Kalkwasser", die sich inzwischen weit durchgesetzt hat. Mit diesem von mir erstmals 1970 in die Meeresaquaristik eingeführten Verfahren ist es heute möglich, fast perfekte Riffaquarien mit wunderschönem Bewuchs an Kalkrotalgen zu gestalten. Einigen Seewasseraquarianern ist es sogar gelungen, damit unter einer Beleuchtung mit Halogen-Metalldampflampen so empfindliche Steinkorallen wie *Acropora, Montipora-, Echinopora-, Platygyra-*Arten neben den bekannteren Steinkorallen zu vermehren.
Unter „Kalkwasser" versteht man eine gesättigte, klare Calciumhydroxidlösung, die tropfenweise ins Becken gegeben wird. Wichtig ist eine pH-Wert-Kontrolle, bis man weiß, welche Mengen für das einzelne Aquarium nötig sind.
Das Riffaquarium wird heute meist ohne die beliebten Blattalgen der Gattung *Caulerpa* gefahren. Diese rasch wüchsigen Algen haben sich nämlich als ausgesprochene Raumkonkurrenten für die Blumentiere erwiesen. Hinzu kommt, daß sie auch einige Spurenelemente, besonders Eisen, Mangan, Molybdän u. a. schneller zehren als die symbiotischen Algen in den Blumentieren. Aus dieser Erfahrung sind die meisten Seewasseraquarianer mit Riffaquarien inzwischen dazu übergegangen, die Blattalgen nur noch in kleinen, sorgfältig ausgelichteten Beständen im Bodengrund zu kultivieren, während die Dekoration den Blumentieren und einigen schönen Blattrotalgen, die viel langsamer wachsen, sowie verschiedenen Kalkrotalgen vorbehalten bleibt. Für die grünen Blattalgen der Gattung *Caulerpa* ist natürlich immer ein sog. Algenfilter günstig, der heute oft als biologischer Filter in den Aquarienkreislauf mit einbezogen wird. In diesen Algenfiltern, manchmal auch als Algenkammern im Riffaquarium selbst abgetrennt, können die verschiedenen *Caulerpa*-Arten gut angesiedelt werden und tragen neben der bakteriellen Denitrifikation zur Nitratverminderung bei.

Wenden wir uns nun noch kurz der Lichtfrage zu. Diese is ja ein immer wieder heiß diskutiertes Thema und wird uns wohl auch in Zukunft noch beschäftigen. Bahnbrechende Versuche gerade für das Riffaquarium wurden seit Jahren von den Aquarianern des Vereins für Meeresaquaristik in Berlin unternommen. Sie waren denn auch die ersten, denen es gelang, Kalkalgenriffe und empfindlichste Steinkorallen in erstaunlich natürlicher Gemeinschaft zu pflegen und fortzupflanzen. Inzwischen haben sich deren Erkenntnisse weit durchgesetzt und mit dazu beigetragen, schöne Miniriffe zu gestalten.
Einige Berliner Seewasseraquarianer experimentierten als erste mit Halogen-Metalldampflampen der Firma Osram, die als HQI-Lampen nun vielen Aquarianern gut bekannt sind. Inzwischen wissen wir, besonders auch wegen verschiedener Pannen, daß HQI-Licht bei den einzelnen Lampentypen sehr unterschiedlich in der spektralen Verteilung und im Anteil am UV-Licht ausfallen. So eignen sich nicht alle HQI-Strahler gleichmäßig gut zur Beleuchtung, zumindest müssen bei einigen Lichtfilter vorgeschaltet werden. Nach unseren Erfahrungen ist die Sofittenform, wie sie im sog. „Berliner Modell" verwandt wird, die strahlungsmäßig günstigste. In der spektralen Verteilung einschließlich des UV-Anteils im länger welligen UV-A-Bereich ist der Typ D zu empfehlen, während der Typ NDL erhebliche Schwierigkeiten machen kann. Ellipsoide und birnenförmige HQI-Lampen haben sich wegen ihrer punktförmigen Strahlungsintensität nicht bewährt, es kommt bei ihnen zu oft zu lokalen Verbrennungen an den Blumentieren. Das Gleiche kann auch mit 150 Watt HQI passieren, die es z. Z. nur im Typ NDL in Sofittenform gibt. Hier ist unbedingt neben der Sicherheitsscheibe aus Silikatglas (die übrigens nie entfernt werden darf!) ein spezieller UV-Filter vorzuschalten.
Wer HQI-Lampen einsetzt, muß bedenken, daß viele Blumentiere, besonders auch Lederkorallen und Scheibenanemonen, dem sehr hellen, strahlungsintensiven Licht unbedingt langsam angepaßt werden müssen, vor allem, wenn sie beim Zoofachhändler unter anderen Lichtverhältnissen gehalten wurden. Wir schränken dann die Beleuchtungsdauer auf ca. 6 Stunden ein und schatten das Aquarium zusätzlich noch mit einer Milchglasscheibe ab. Das gilt auch für den Austausch der Birnen selbst, denn neue strahlen viel stärker als die schon längere Zeit im Betrieb befindlichen.
Viele Seewasseraquarianer sind dazu übergegangen, die HQI-Lampen nur etwa 6 Stunden pro Tag brennen zu lassen. Die restlichen 6 Stunden zur im Durchschnitt zwölfstündigen Beleuchtung werden mit Fluoreszenslampen (Leuchtstoffröhren) ca. 3 Stunden am Morgen und 3 abends überbrückt. Gerade Lederkorallen und fast allen anderen Blumentieren mit symbiotischen Algen kommt dies sehr zugute, herrschen doch auch im Riff ständig schwankende Lichtbedingungen, die wir so gar nicht im Aquarium nachahmen können.
Quecksilberhochdruckdampf-Lampen, die je nach Fabrikat noch mit anderen Elementen versehen sind, werden ebenfalls noch manchmal eingesetzt, haben

sich als alleinige Beleuchtung jedoch nicht bewährt. Sie erzeugen nämlich wegen ihres sehr hohen Grün-Gelb- und Orange-Anteils im Spektrum oft langdauernde, lästige Schmieralgenplagen (Spaltalgen *Cyanophyceen*), besonders der roten Formen. Außerdem sind sie, vergleicht man Stromverbrauch und Lichtausbeute mit jener von Leuchtstoffröhren, sehr viel unwirtschaftlicher, also teurer. Die Einführung der Quecksilberhochdruckdampf-Lampen in die Meeres-Aquaristik war unserer Meinung nach unsinnig. Sie sind für offene Süßwasserbecken und Paludarien geeignet.

Nun muß ein Riffaquarium nicht unbedingt mit HQI-Lampen bestrahlt werden, das man kostengünstig sowieso erst bei Aquarien von über 500 l mit entsprechend hohem Wasserstand, 60 cm und mehr, einsetzen wird.

Die meisten Blumentiere lassen sich mit großem Erfolg auch unter Leuchtstoffröhren pflegen und vermehren. Das gilt gerade für übliche Beckenhöhen um 50 cm. Als Mindeststärke für die Beleuchtung mit Fluoreszensröhren gilt drei Stück über die gesamte Länge des Aquariums. Ideal sind nach vielen Erfahrungen jedoch 5 bis 6, wenn es die Breite des Beckens zuläßt. Bei der Unzahl der Fabrikate und der verschiedenen Lichtfarben können wir hier nur allgemeine Angaben machen.

Sehr erfolgreich hat sich z. B. eine Vierer- bis Sechserkombination aus 2 bis 4 Leuchten Osram Lumilux Lichtfarbe 11 und 21 mit 1 bis 3 Röhren Thorn blue, Sylvania blue oder Philips TL 18 (nur ab 40 Watt erhältlich) bewährt. Diese Röhrenkombination sollte man auch als Ergänzung zu HQI-Lampen wählen, doch kann man hier auch die „Blaustrahler" allein verwenden. Gute Erfahrungen bestehen neben den blaustrahlenden Röhren, die man immer (1 bis 3 Stück) verwenden sollte, mit den Lampen Osram Universalweiß, Lichtfarbe 25, Hellweiß, Lichtfarbe 20, oder Daylight 5000 de Luxe, Lichtfarbe 19. Selbstverständlich können hier auch die diesen Lichtfarben entsprechenden Leuchten von Philips oder einer anderen Marke eingesetzt werden.

Können mehr als 4 Leuchtstoffröhren über dem Becken untergebracht werden, darf die bekannte Grolux mit verwandt werden, da sie ja bekanntlich die Farben der Tiere besser zur Geltung bringt.

Auf eines müssen wir beim Experiment mit den verschiedenen künstlichen Lichtquellen unbedingt achten. Eine Abänderung der Beleuchtung darf immer nur allmählich erfolgen, sonst gibt es bei den Tieren Lichtschocks. Auch sollte man mit dem Austausch überalterter Leuchtstoffröhren nicht zu lange warten und jeweils immer nur eine im Abstand von ca. 14 Tagen wechseln.

Damit wollen wir die Kurzbetrachtung über die aquaristische Umwelt abschließen und uns den einzelnen Tiergruppen zuwenden, wo weitere Angaben über die Aquarienpflege zu finden sind. Dabei wird auch die Fütterung besprochen.

Bild 1: Das Riffwatt bei Tiefstebbe.	Foto: K. Tan
Bild 2: Prächtige Lederkorallen im Riffwatt bei Ebbe.	Foto: K. Tan

Achtstrahlige Blumentiere

Die Blumentiere *Anthozoa* gehören zusammen mit den Nesselpolypen *Hydrozoa* und den Medusen oder Quallen *Scyphozoa* zum Unterstamm der Nesseltiere *Cnidaria* und mit dem Unterstamm der Rippenquallen *Ctenophora* zum Stamm der Hohltiere *Coelenterata.*
Die Hohltiere besiedeln mit ganz geringen Ausnahmen wie dem Süßwasserpolyp *Hydra* und der Süßwasserqualle *Craspedacusta* ausschließlich die Meere.
Die Blumentiere *Anthozoa* werden wegen ihrer Polypengestalt grob in drei Unterklassen eingeteilt (früher zwei), und zwar in: *Cerianthipatharia* mit den Zylinderrosen *Ceriantharia* und den Dörnchenkorallen *Anthipatharia, Octocorallia* mit Röhrenkorallen *Stolonifera, Telestacea,* Lederkorallen *Alcyonacea,* Hornkorallen *Gorgonacea,* Seefedern *Pennatulacea* und der blauen Korallen *Heliopora coerulea* sowie den *Zoantharia* (früher sechsstrahlige Blumentiere *Hexacorallia*) mit den Seeanemonen *Actiniaria,* den „falschen Korallen" *Corallimorpharia,* Krustenanemonen *Zoanthiniaria* und echten Steinkorallen *Scleractinia.*
In diesem Buch werden wir uns ausschließlich mit den achtstrahligen Blumentieren *Octocorallia* beschäftigen. Sie kann auch der Laie äußerlich recht gut von den anderen Blumentier-Ordnungen unterscheiden. Die Polypen bilden mit wenigen Ausnahmen Tierstöcke, die sich grundsätzlich aus einem einzelnen Polypen, der wiederum aus einer sog. Planula-Larve hervorgegangen ist, entwickeln. Die einzelnen Individuen eines Tierstockes sind meist sehr klein und erreichen nur selten mehr als 5 mm Größe. Die Polypen besitzen im Gegensatz zu allen anderen Blumentieren grundsätzlich acht, meist gefiederte Fangarme oder Tentakeln. Sie werden allgemein als Freßpolypen bezeichnet. Bei einigen *Octocorallia* finden wir aber auch tentakellose Polypen, sog. Siphonozoide oder Schlauchpolypen. Sie dienen dem Austausch der Stoffwechselprodukte und des Wassers der Tierkolonie mit dem Meer.
Im übrigen muß man sich einen einzelnen Polypen als winziges gallertiges Säckchen vorstellen, das nach oben geöffnet in einen sog. Mundspalt ausläuft und von zwei Zellschichten, einer inneren, Entoderm, und einer äußeren, Ektoderm, umgrenzt wird. Beide Zellschichten umschließen eine mehr oder minder dicke Mittelschicht, die sog. Mesogloea, die beim Tierstock auch als Coenenchym bezeichnet wird. In das hohle Innere des Säckchens, den Magen- oder Gastralraum, entspringen der Achtzahl der Tentakeln entsprechend 8 Septen, an denen sowohl Verdauungssekrete als auch Fortpflanzungszellen gebildet werden.
Als Stütz- oder Skelettelemente dienen den achtstrahligen Blumentieren neben hornigen Ausscheidungen des Ektoderms als sog. Cuticula z. B. bei den Röhrenkorallen, vor allem äußerst kompliziert aufgebaute Skelettnadeln, Sternchen, Zackenrädchen u. a. aus Calciumcarbonat, die bei einigen Arten zu festen Ske-

lettstrukturen verschmelzen wie z. B. bei der Orgelkoralle *Tubipora* oder der blauen Koralle *Heliopora* sowie verschiedenen Hornkorallen. Letztere bilden darüber hinaus noch feste Achsenskelette aus einer hornigen Substanz, Gorgonin, die zudem mehr oder minder mit Kalkbildungen durchsetzt sind. So gibt es sehr biegsame Hornkorallen, aber auch sehr brüchige oder sehr feste wie z. B. die bekannte Edelkoralle *Corallium rubrum.*

Ein weiteres wichtiges Merkmal aller achtstrahligen Blumentiere ist ihre sog. Nesselfähigkeit, die sich dem Menschen allerdings bei weitem nicht so unangenehm bemerkbar macht wie jene der Hydroidpolypen, Feuerkorallen *Millepora,* der meisten Quallen oder auch der Seeanemonen und Zylinderrosen.

Nesselstrukturen oder sog. Nesselkapseln Nematocysten finden sich reichlich in der äußeren Zellschicht vor allem der Fangarme und dienen sowohl der Verteidigung als auch dem Beuteerwerb.

Viele achtstrahlige Blumentiere vor allem Röhrenkorallen und Lederkorallen, aber auch manche Hornkorallen und die blaue Koralle besitzen in ihrem Gewebe einzellige symbiotische Algen, die Zooxanthellen. Das äußerst wirkungsvolle Zusammenleben (Symbiose) der Tiere mit ihren pflanzlichen Gästen bietet beiden einige entscheidende Vorteile.

Zum einen verwerten die Algen die Stoffwechselendprodukte der Tiere, also stickstoff- und phosphathaltige Verbindungen sowie das von allen Lebewesen „ausgeatmete“ Kohlendioxid und liefern dafür Sauerstoff während der Fotosynthese. Die Blumentiere werden also förmlich entgiftet, und wir können den symbiotischen Algen durchaus eine nierenähnliche Funktion zusprechen. Zum anderen liefern sie den achtstrahligen Korallentieren auch noch Nahrung in Form von Aminosäuren und einfachen Eiweißverbindungen, einfache Fette und kohlenhydrathaltige Substanzen sowie Vitamine. Die Algen andererseits sind geschützt im Gewebe der Tiere und erhalten praktisch von diesen einen Teil ihrer Nährstoffe direkt. Sinnvoll kann man das Ganze als Gemüsegarten im Körper der Blumentiere ansehen.

Sehr interessant ist bei allen Blumentieren die ungeschlechtliche Vermehrung. Während bei der geschlechtlichen Vermehrung aus befruchteter Eizelle nach verschiedenen Teilungsschritten eine bewimperte freischwimmende Larve entsteht, bilden sich bei der ungeschlechtlichen Vermehrung in Form der sog. Gemmation (Sprossung) meist aus dem Coenenchym ständig neue Polypen, also Tochterindividuen, die zu äußerst vielfältigen Tierkolonien führen. So kann aus einem einzigen nur wenige Millimeter großen Stamm- oder Mutterpolypen ein Tierstock entstehen, der bis zu einem Meter und mehr groß wird.

Mit diesen allgemeinen Merkmalen in konzentrierter Form wollen wir schließen, da Einzelheiten bei den Blumentieren selbst noch geschildert werden. Im folgenden werden die am häufigsten importierten Arten vorgestellt, wobei die wissenschaftlichen Namen nicht als endgültig anzusehen sind.

Bild 3: Riffaquarium mit Lederkorallen und anderen Blumentieren. Foto: J. Birkholz

Bild 4: Riffaquarium mit Höhlen, besetzt mit verschiedenen Blumentieren. Foto: P. Wilkens

Bild 5: Leuchtend grüne Röhrenkoralle *Clavularia viridis*. Foto: P. Wilkens

Bild 6: Braune Röhrenkoralle *Cornularia spec.* Foto: P. Wilkens

Stamm Hohltiere *Coelenterata*
Klasse Blumentiere *Anthozoa*
Unterklasse Achtstrahlige Blumentiere *Octocorallia*
Ordnung: Röhrenkorallen *Stolonifera*
Familie: *Clavulariidae*
Art: *Clavularia viridis* (Quoy & Gaimard), Grüne Röhrenkoralle (Bild 5)
Die grüne Röhrenkoralle wird aus dem gesamten indo-pazifischen Korallenriff-Bereich eingeführt. Die bis handflächengroßen Kolonien wachsen mittels Stolonengeflecht auf abgestorbenem Riffgestein meist in extrem flachem Wasser. Die Tiere behalten nur unter HQI-Licht ihre leuchtend grüne Färbung, sonst werden sie allmählich braun. Gegen Fadenalgenwuchs und Schmieralgen sind sie äußerst empfindlich. Bei regelmäßiger „Kalkwasserzugabe" wachsen sie rasch und breiten sich im Aquarium gut aus. Sie ernähren sich ausschließlich über ihre symbiotischen Algen und von im Wasser gelösten organischen Substanzen. Röhrenkorallen dürfen nur mit wenigen ausgewählten Fischen gepflegt werden, selbst Doktorfische und Zwergkaiser fressen gelegentlich an ihnen herum. Das gilt auch für manche Seesterne, Schnecken und Krebstiere. Seeigel lassen sie meist in Ruhe. Sie können gut mit allen festgewachsenen Blumentieren vergesellschaftet werden und werden selbst von Blasenkorallen nicht beeinträchtigt.

Familie: *Cornulariidae*
Cornularia spec., Braune Röhrenkoralle (Bild 6)
Im Gegensatz zu den *Clavulariidae* weisen die *Cornulariidae* in ihrem Stolonengeflecht keinerlei kalkige Skelettelemente auf. Ansonsten wird bei beiden eine hornige Kutikula ausgebildet, die das Kriechgeflecht (Stolonen) und die röhrenartigen Schutzhüllen äußerlich umkleidet. Bei guter Beleuchtung z. B. mit HQI vermehren sich die Polypen durch Sprossung aus dem Geflecht sehr gut und überwachsen bald tote Dekorationsteile. Mäßige bis zeitweise kräftige Wasserbewegung sorgen wie bei der vorigen für gutes Wachstum und geringe Verschmutzung. Alle Röhrenkorallen sollten hin und wieder mit einem kräftigen Wasserstrahl abgespült werden. Auch diese Art reagiert unempfindlich gegenüber der Nesselfähigkeit anderer Blumentiere. Neben Fadenalgen können auch die Ausläufer von Blattalgen der Gattung *Caulerpa* den zarten Polypen gefährlich werden, wir vermeiden daher, daß sie in die Kolonie hineinwachsen. Wie die grüne Röhrenkoralle enthält auch die bräunliche *Cornularia*-Art neben symbiotischen Algen UV-Schutzstoffe, da sie auf der Riffplatte stärkster Sonneneinstrahlung ausgesetzt ist und manchmal sogar trocken fällt.
Die bislang importierten Röhrenkorallen scheinen gegen organische Belastung des Wassers und höhere Nitratwerte bis ca. 20 ppm unempfindlich zu sein. So findet man einige Arten in stark verschmutzten Gewässern, vor allem im Bereich der Hotelabwässer, wo sie oft besonders prächtig gedeihen.

Unbekannte Röhrenkoralle „Sternpolyp", Bild 7, 8 und 9

Die in diesen Bildern vorgestellte Röhrenkoralle konnte ich trotz vielfacher Bemühungen nicht bestimmen. Die faust- bis doppelt handflächengroßen Kolonien sind in Standardsendungen aus dem sog. indo-australischen Raum regelmäßig zu finden. Von den Exporteuren werden sie meist als „star polyps", also Sternpolypen bezeichnet, ein Ausdruck, den ich auch für den deutschen Sprachraum sehr zutreffend finde. Auffallend sind bei diesem Blumentier die nicht gefiederten Tentakeln sowie das leuchtende Mundfeld mit dem winzigen, nur mit einer Lupe erkennbaren Mundspalt, der oft noch verwachsen sein kann.

Die Polypen erheben sich, wie bei Röhrenkorallen üblich, aus einem leuchtend violett bis dunkel weinrot gefärbten Stolonengeflecht in Schutzhüllen, die aus horniger Substanz mit Skelettelementen bestehen. In der Literatur fand ich einen Hinweis, daß es sich bei diesem Blumentier gar nicht um eine Röhrenkoralle aus der Ordnung *Stolonifera* handeln könnte, sondern um eine Hornkoralle aus der Gattung *Solenopodium,* einer Gattung, die im Gegensatz zu den meist buschigen bis baumförmigen Gorgonien auch lobate, also lappige bis kriechend-krustige Vertreter enthalten soll.

Im Aquarium halten sich die Sternpolypen ganz hervorragend, vorausgesetzt, wir verhindern Schmier- und Fadenalgenaufwuchs. Manchmal lösen sich fang- und transportbedingt die Stolonengeflechte vom Riffgestein und die gesamte Kolonie kann regelrecht abgehäutet werden. Nicht selten werden auch solche „abgehäuteten" Tierstöcke aus Frachtkostengründen verschickt. Derartige Kolonien bindet man am besten mit einer dünnen Angelschnur mehrfach auf einen flachen sauberen Stein, noch besser auf eine flache, rauhe Koralle auf. Dann setzt man sie im Aquarium recht hell – sie vertragen ohne weiteres direktes HQI-Licht – an eine gut durchströmte Stelle. Aus den violetten Krusten schieben sich bald neue ohrläppchenartige Ausläufer, die sich fest mit dem Untergrund verbinden. Die neuen Ausläufer erreichen aber nie die dunkelviolette Färbung des alten Kriechgeflechts, sondern bleiben meist hellrosa. Dennoch entwickeln sich auch aus den frischen Lappen neue Polypen, die bei ausreichendem Licht rasch so groß werden wie die ursprünglichen.

Man kann auch eine Kolonie zerteilen und Bruchstücke in sauberes Korallengeäst einklemmen, um dort neue Tierstöcke zu erzeugen, wie Bild 9 sehr schön zeigt.

In den Riffen des südchinesischen Meeres und der zentralen Javasee fand ich Sternpolypen vom extremen Flachwasser bis etwa 8 m Wassertiefe. Neben totem Riffgestein wird auch Fels aus Urgestein besiedelt, wie ich an der Küste Malaysias beobachten konnte.

Das lappige Kriechgeflecht beherbergt oft eine Vielzahl weiterer sessiler Meerestiere, vor allem Schwämme, Moostierchen und kleine Manteltiere. An freibeweglichen Lebewesen finden sich winzige Würmer, Krebstiere, vor allem Meerflohkrebse und -asseln, Pistolenkrebse, Schnecken und Schlangensterne.

Bild 7: Eine unbekannte Röhrenkoralle unter Aquariumbeleuchtung. Foto: P. Wilkens

Bild 8: Die gleiche Röhrenkoralle unter zusätzlichem UV-A-Licht. Foto: P. Wilkens

Bild 9: Teile einer Röhrenkoralle vermehren sich gut weiter. Foto: P. Wilkens

Bild 10: Eine schöne Kolonie der Orgelkoralle *Tubipora musica*. Foto: P. Wilkens

Viele Blumentiere des extremen Flachwasserbereichs bilden gegen die hohe ultraviolette Strahlung des Sonnenlichtes besondere Schutzfarbstoffe aus, die ihnen äußerlich ein fluoreszierendes Aussehen verleihen. Durch die UV-Schutzstoffe wird das nicht sichtbare UV-Licht in sichtbares umgewandelt, das wahrscheinlich dann zusätzlich den symbiotischen Algen zugute kommt.
Unter HQI-Licht bleiben diese UV-Schutzstoffe erhalten, so daß die Tiere auch im Aquarium geheimnisvoll leuchten. Mit besonderen Schwarzglasröhren, die im UV-A-Bereich, also nicht sichtbar, strahlen, kann man die Blumentiere auch im nachtdunklen Aquarium zum Leuchten bringen. Die Bilder 7 und 8 zeigen diesen Effekt bei der Röhrenkoralle, die einmal unter üblicher Beleuchtung mit Leuchtstoffröhren und dann zusätzlich unter UV-A-Licht (Blacklight) fotografiert wurde.

Familie: *Tubiporidae* Orgelkorallen

Tubipora musica Linné, Rote Orgelkoralle (Bild 10)

Die Orgelkoralle, deren rote Skelette manchmal noch zur Aquariendekoration benutzt werden, war schon Linné bekannt. Die lebenden Tierstöcke galten bis vor wenigen Jahren als nicht haltbar. Dank ständig verbesserter Technik der Wasseraufbereitung, sehr guter Meersalze wie Tropen Meersalz und nicht zuletzt der Beleuchtung mit HQI läßt sich nun auch diese empfindliche Röhrenkoralle über Jahre im Aquarium pflegen.
Ähnlich ihren Verwandten nimmt auch die Orgelkoralle kein tierisches Plankton mehr auf, sondern ernährt sich ausschließlich über organische, im Wasser gelöste Stoffe sowie ihre symbiotischen Algen.
Leider ist es immer noch schwierig, einigermaßen unverletzte Kolonien zu erwerben und diese dann im Aquarium vor Veralgung zu schützen. Nach bisherigen Erfahrungen scheinen dauerhafte Pflege-Erfolge auch nur unter HQI-Licht möglich zu sein, so daß dieses Blumentier wohl wenigen Spezialisten vorbehalten bleiben dürfte. Wichtig ist, die Kolonien regelmäßig mit „Kalkwasser" zu versorgen, nur dann scheinen sie ihr orgelartiges Skelett auch im Aquarium weiter zu bauen. So konnte ich bei der im Bild vorgestellten Orgelkoralle, die anfangs nur zu ca. zwei Dritteln mit unversehrten Polypen besetzt war, innerhalb von zwei Jahren beobachten, wie allmählich neue Polypen den Tierstock regenerierten.
Gegenüber anderen Blumentieren scheint auch die Orgelkoralle recht unempfindlich zu sein, doch achte man vorsichtshalber auf einen Sicherheitsabstand von ca. 10 cm zwischen ihr und anderen Anthozoen.
Eine Orgelkoralle sollte man nur dann erwerben, wenn im Aquarium keine Fadenalgen mehr vorhanden sind. Am besten hält sie in jenen Riffbecken, die reich mit Kalkrotalgen durchwachsen sind. Ansonsten gelten die gleichen Pflegebedingungen wie bei den anderen Röhrenkorallen.

Ordnung: *Telestacea* Zweigröhrenkorallen
Familie: *Telestidae*
Art: *Coelogorgia palmosa* (Valenciennes) Bild 11 und 12

Die Ordnung der Zweigröhrenkorallen wurde von Hickson 1930 aufgestellt. Die Tierstöcke sehen äußerlich wie Hornkorallen aus und finden sich meist erst im tieferen Wasser ab ca. 5 m. Vertreter der Zweigröhrenkorallen, etwa Telesto-Arten, werden nur selten importiert. Das hängt damit zusammen, daß die Kolonien sehr zerbrechlich sind und sich unverletzt nur schwer lösen lassen. Die Tierstöcke wachsen in mehr oder weniger verzweigter Form aus einem band-, netz- oder wurzelartigen Stolonengeflecht, das sehr fest mit dem Untergrund verbunden ist. Die Stämmchen selbst sind umgewandelte, stark gestreckte Primärpolypen, aus denen seitlich Sekundärpolypen sprossen. Das mehr oder minder biegsame Skelett besteht aus Kalkspikeln, die nicht selten durch hornige und kalkige Abscheidungen zu festen Röhren verschmolzen werden.

Manchmal findet man Zweigröhrenkorallen auf bemerkenswertem Siedlungssubstrat, wie Bild 11 zeigt. Die Aufnahme entstand an der Küste Malaysias in einer Langustenzuchtfarm. Zur Stoßdämpfung in der See waren die einzelnen Aufzuchtbehälter mit alten Autoreifen versehen worden. Auf diesen hatten sich wegen der starken Fütterung der Langusten allerlei sessile Lebewesen, Schwämme, Weich- und Hornkorallen, Moostierchen und Manteltiere und eben auch diese Zweigröhrenkoralle *Coelogorgia palmosa* angesiedelt.

Trotz des sehr langen Transportweges gelang es, einige Kolonien mit heimzunehmen und aus einem Bruchstück die in Bild 12 gezeigte „Aquarienkolonie“ herauszuziehen. Leider formte sie nicht mehr ihre ursprüngliche dekorative Kolonie aus, sondern wuchs im Laufe dreier Jahre sehr untypisch. Zweigröhrenkorallen müssen im Aquarium wie Hornkorallen gepflegt werden. Sie verlangen eine kräftige Wasserbewegung und gezielte Fütterung mit Ersatzplankton wie z. B. Artemia-Nauplien, winzigen Süßwasserkrebsen, die als „Bosmiden“ tiefgefroren angeboten werden oder gefriergetrocknetem Planktonersatz wie „Rotes Nordseeplankton“, „Natur Mikro Plankton“ u. ä. Organische, im Wasser gelöste Substanzen scheinen von den Arten, die symbiotische Algen enthalten, ebenfalls verwertet zu werden, doch bestehen noch sehr wenige Erfahrungen mit diesen Blumentieren.

Wem es gelingt, eine Zweigröhrenkoralle zu erwerben, sollte ihr die gleichen Aquarienbedingungen schaffen wie den Röhrenkorallen und der Orgelkoralle. Vor allem muß man auf robuste Fische und Krebstiere verzichten. Ich pflege diese delikaten Blumentiere nur noch mit Schläfergrundeln, Mandarinfischen und Seenadeln zusammen.

An die Lichtverhältnisse stellen die *Telestacea* keine großen Ansprüche, gedeihen sie doch bei ausreichender Fütterung gut in der Dämmerung von Höhlen und Unterständen, ähnlich den bunten Weich- und Hornkorallen.

Bild 11: *Coelogorgia palmosa* wächst auf altem Autoreifen. Foto: K. Tan

Bild 12: Gelbe *Coelogorgia palmosa* zwischen roten *Dendronephthya*. Foto: P. Wilkens

Bild 13: Voll geöffnete Lederkoralle der Gattung *Sarcophyton*.
Foto: P. Wilkens

Bild 14: Buschförmig wachsende *Sinularia*-Art.
Foto: P. Wilkens

Bild 15: Krustenförmige Lederkoralle *Alcyonium fulvum*.
Foto: J. Birkholz

Ordnung: *Alcyonacea* Leder- und Weichkorallen

Die Lederkorallen, besonders die Flachwasserformen aus subtropisch-tropischen Meeren gehören seit vielen Jahren zum festen Bestand unserer Riffaquarien. Da sich dieser Beckentyp innerhalb der Meeresaquaristik in letzter Zeit weit verbreitet hat, wurden immer mehr Lederkorallen eingeführt, die sich mehrheitlich als äußerst haltbar und ausdauernd erwiesen haben. Gab es noch vor etwa 10 Jahren meist nur einige pilz- bis trogförmige Arten der Gattung *Sarcophyton* sowie wenige bunte *Dendronephthya*-Arten, so werden heute Vertreter aus fast allen Familien importiert, einschließlich so zarter Formen wie der *Xenia*-Arten.

Recht pflegeleicht und auch für den Anfänger geeignet sind viele fleischige Arten, meist aus der Gattung *Sarcophyton* (Bild 13). Etwas schwieriger, aber durchaus haltbar sind die buschigen, fingerförmigen bis bäumchenartigen *Sinularia*- und *Cladiella*-Arten (Bild 14) sowie oft krustenförmig wachsende *Alcyonium*- oder *Lobophytum*-Arten (Bild 15, 32, 33). Schwieriger bis fast unmöglich lassen sich bunte *Dendronephthya*-Arten (Bild 67) pflegen. Der Anfänger sollte auf sie unbedingt verzichten! Sehr unterschiedlich zu halten sind die inzwischen sehr beliebten *Xenia*- und *Anthelia*-Arten (Bilder 47–58).

Grundsätzlich kann festgestellt werden, daß alle beige- bis olivfarbenen, bräunlichen oder grünlichen Lederkorallen meist symbiotische Algen in ihrem Gewebe beherbergen und dadurch einfacher zu pflegen sind als die sog. bunten Weichkorallen des tieferen Wassers oder der Höhlenbereiche.

Familie: *Alcyonidae*

Alcyonium fulvum (Forskal) *Parerythropodium fulvum*

Gelbliche Krustenlederkoralle (Bild 15)

Die beige-gelb bis elfenbeinfarbene Krustenlederkoralle *Alcyonium fulvum* wird noch meist zufällig auf sog. lebendem Gestein importiert. Sie bildet mehrere mm dicke oft bandförmig verlaufende Krusten, die bei guten Lichtverhältnissen (mindestens 4 Leuchtstoffröhren oder HQI) auch lappige bis fingerförmige Fortsätze entwickelt. Die Sekundärpolypen mit ihren sternblütigen 8 gefiederten Fangarmen werden je nach Licht 2 bis über 5 cm lang. Die Tochterpolypen ähneln sehr denen der folgenden *Sarcophyton*-Arten. Wie alle Lederkorallen mit symbiotischen Algen ernährt sich auch diese Art überwiegend von organisch gelösten Substanzen. Die relativ großen Polypen fressen jedoch auch allerlei Ersatzplankton, wenn dies sehr fein ist.

Alcyonium fulvum kann sehr gut mit anderen Blumentieren zusammen gepflegt werden, doch achte man bei Steinkorallen, Scheiben- und Krustenanemonen auf einen Abstand von mindestens 10 cm. Wie alle krustenförmig wachsenden Blumentiere wird auch diese Lederkoralle sehr von Fadenalgen belästigt. Im übrigen halte man sie unter den gleichen Bedingungen wie Röhrenkorallen.

Sarcophyton trocheliophorum V. Marenzeller Troglederkoralle (Bild 16)
Sarcophyton trocheliophorum gehört zu den auffälligsten Lederkorallen in allen subtropisch-tropischen Riffgebieten vom Roten Meer über den Indischen bis zum Pazifischen Ozean. Die Art lebt überwiegend im Riffwatt und findet sich dort in Ebbetümpeln, wo sie oft einen Durchmesser von mehr als 1 m erreicht. Kleine Kolonien bis etwa 20 cm werden seit vielen Jahren regelmäßig eingeführt und lassen sich im Riffaquarium sehr gut pflegen. Bei einer Beleuchtung von 3 bis 6 Leuchtstoffröhren und Fütterung mit feinstem Ersatzplankton erreichen die Tierstöcke in einem Jahr gut das Doppelte ihrer anfänglichen Größe. HQI-Licht wird nicht immer gut vertragen, vor allem, wenn es 12 Stunden täglich brennt. Hier ist zu empfehlen, die Lederkorallen allmählich dem hellen Licht anzupassen.
S. trocheliophorum „häutet" sich regelmäßig, d. h. es bildet sich bei ganz eingezogenen Polypen eine dünne, oft leicht glänzende Schicht, die nach 1 bis 3 Tagen in Fetzen, mitsamt aufsitzenden Mikroalgen und Feinsedimenten, abgestoßen wird. Danach erscheinen die Polypen wieder in ihrer vollen Schönheit.
Wie andere *Sarcophyton*-Arten auch, kann diese Lederkoralle leicht künstlich vermehrt werden. Man schneidet von den Randlappen ein Stück heraus und klemmt es in sauberes totes Korallengeäst. Dort wächst es bald fest und bildet langsam eine neue Kolonie, die jedoch meist atypisch, in unregelmäßiger Nierenform z. B., weiterwächst. Die Mutterkolonie heilt die Schnittstelle meist innerhalb von 14 Tagen aus und bildet dort neue Sekundärpolypen.
S. trocheliophorum ist gegenüber robusteren Fischen, z. B. Herzog- oder Doktorfischen und Garnelen sowie kleinen Einsiedlerkrebsen unempfindlich. Eine mäßige bis zeitweise kräftige Wasserbewegung unterschiedlicher Richtung fördert das Wohlbefinden.

Sarcophyton spec. (acutangulum V. Marenzeller?*)* Pilzlederkoralle (Bild 17)
Diese pilzförmig wachsende Lederkoralle wurde früher aus dem Roten Meer (Eriträa) exportiert und kommt heute hauptsächlich aus Kenya, Mauritius und Sri Lanka zu uns. Sie stammt zumeist aus dem Vorriff bis rund 10 m Wassertiefe und verträgt somit auf keinen Fall HQI-Licht ohne vorherige allmähliche Anpassung. Viel besser hält sie unter Leuchtstoffröhren. Die weißgrau bis hellbeige, seltener grünlichen Kolonien mit leuchtend weißen Polypen hielt ich lange für eine Standortvariante der *S. ehrenbergi,* doch ähneln die Skelettelemente stark der *S. acautangulum,* die Von Marenzeller 1886 erstmalig beschrieb.
Die Art kann leicht künstlich vermehrt werden, indem man den gesamten „Pilzhut" mit 2 bis 3 cm „Stiel" quer durchtrennt und auf sauberem Gestein aufbindet. Aus dem Koloniestumpf entwickelt sich ein neuer „Polypenhut".
Wichtig ist, alle abgetrennten Teile einer *Sarcophyton*-Kolonie starker Wasserbewegung auszusetzen, damit die „Wundstellen" gut verheilen und keine Faulstellen entstehen.

Bild 16: *Sarcophyton trocheliophorum* in einem Ebbetümpel. Foto: P. Wilkens

Bild 17: *Sarcophyton spec. (acutangulum?)* im Aquarium. Foto: P. Wilkens

Bild 18: *Sarcophyton-* (oben) u. *Lobophytum-*Arten (unten). Foto: J. Birkholz

Bild 19: *Sarcophyton lobulatum.* Foto: J. Birkholz

Verschiedene *Sarcophyton-* und *Lobophytum-*Arten, Bild 18
Die im Bild gezeigten Lederkorallen lassen sich alle leicht im Aquarium pflegen und vermehren, vorausgesetzt, das Becken wird mit mindestens 3 Leuchtstoffröhren, besser 4 bis 6, bestrahlt. Werden HQI-Lampen verwandt, ist eine allmähliche Anpassung der Tiere an die hohe Strahlungsintensität unbedingt erforderlich. Eine mäßige bis zeitweise kräftige Wasserbewegung sorgt dafür, daß die Lederkorallen sich gut „häuten" können und keinerlei Sedimente sich ablagern. Von Zeit zu Zeit wedele man mit der Hand über die Kolonien, um allzu fest haftende Beläge zu entfernen.
Gefüttert wird mit feinstem Ersatzplankton, das auch frisch geschlüpfte Artemia-Nauplien und kleinste Süßwasserkrebse einschließen mag.
Zur Vermehrung schneidet man Teile aus den Tierstöcken heraus und bindet sie auf sauberem, totem Korallengeäst auf oder klemmt sie vorsichtig dort ein. Die Lederkorallen der Gattung *Sarcophyton* dürfen dicht beisammen wachsen, da sie sich gegenseitig nicht beeinträchtigen.
Auch von Makroalgen, z, B. roten Blattalgen oder Schlauchalgen der Gattung *Caulerpa,* werden diese Lederkorallen nicht gestört. Man achte jedoch darauf, daß die Algen den Polypenträger nicht berühren.

Sarcophyton lobulatum (Milne Edwards & Haime), Bild 19
Diese flach pilzförmig wachsende Lederkoralle mit einem mittelbraunen Grundton wächst überwiegend im Vorriff, seltener auf Geröllgrund in der Lagune. Sie wird meist aus Ostafrika und Mauritius sowie Sri Lanka importiert. Im Aquarium stellt sie die gleichen Ansprüche wie ihre schon beschriebenen Verwandten. Auffällig bei dieser Art sind die zum lappig eingefälteten Rand hin dichter stehenden Polypen, die auch viel kleiner sind als etwa bei *S. trocheliophorum.* Die robuste Art wächst gut im Aquarium und kann ebenfalls künstlich vermehrt werden. Man kann bei ihr sehr interessante Tochterkolonien erzeugen, indem man am Stamm einen bis 5 mm tiefen Schnitt anbringt, in den man ein kleines Korallenästchen oder Muschelbruchstück einklemmt. Die Wunde schließt sich nach ca. 14 Tagen und bildet um den Fremdkörper einen kallusartigen Verschluß. Aus ihm wächst allmählich in kleiner Pilzform eine Tochterkolonie heraus. Bei einer Größe von 3 bis 5 cm trennt man die Sekundärkolonie ab und bindet sie auf.
Sarcophyton lobulatum darf mit robusteren Fischen, z. B. Doktorfischen vergesellschaftet werden, doch pflege man sie mit höchstens 1 bis 3 größeren Fischen zusammen. Auch von kleinen Einsiedlerkrebsen oder Garnelen wird diese Lederkoralle wenig belästigt.
Wie alle *Sarcophyton-*Arten ist sie auch dem Anfänger in der Riffaquaristik zu empfehlen, sie ist einfacher zu halten als die meisten Riffanemonen.
Bei guter Beleuchtung stößt *S. lobulatum* immer wieder einmal einen Teil der symbiotischen Algen ab und ist dann einige Tage lang heller gefärbt.

Sarcophyton latum (Dana), Bild 20

Sarcophyton latum ähnelt in der äußeren Wuchsform ein wenig der großen *S. trocheliophorum.* Die Form der Skelett-Elemente weist aber auf die verwandte, von Dana 1846 erstmalig beschriebene *S. latum* hin.

Die flache, fast schalenartige Wuchsform mit den dicken, gelappten Fortsätzen bleibt auch im Aquarium erhalten. Faszinierend schön sind die beige-gelben bis oft leuchtend grünen Polypen, die auf der Oberfläche dicht beisammen den gesamten Tierstock bedecken.

S. latum ist eine Flachwasserform, die z. B. in der zentralen Javasee meist auf der Riffplatte in Ebbetümpeln zu finden ist. Die robuste Art läßt sich im Aquarium ähnlich leicht pflegen wie ihre Verwandten und kann auch künstlich, wie beschrieben, vermehrt werden.

Unter HQI-Licht, dem sie sich rasch anpaßt, wächst sie schnell und erreicht in einem Jahr gut das Doppelte ihrer ursprünglichen Größe. Ihrem natürlichen Vorkommen entsprechend liebt diese Lederkoralle eine zeitweise sehr starke Wasserbewegung. Sedimente, die sich in den Lappenfalten sammeln können, sind unbedingt von Zeit zu Zeit von Hand zu entfernen.

S. latum beherbergt erstaunlich oft raumschmarotzende Rippenquallen, die im Kapitel über Parasiten noch näher beschrieben werden. Der Aquarianer muß sich wegen dieser „Leimrutenfänger“ mit ihren langen Fäden keine Sorgen machen. Die Rippenquallen schädigen die Lederkoralle nicht.

Sarcophyton molle? Tixier Durivault, Bild 21

Die äußere Wuchsform der *S. molle* erinnert stark an *S. trocheliophorum,* doch fällt diese Lederkoralle im Vergleich zu ihren bisher beschriebenen Verwandten etwas aus dem Rahmen. Sie ist sehr weich und schleimig und kann sich viel stärker zusammenziehen. Dabei werden erhebliche Mengen eines gelatinösen Schleimes ausgestoßen, der im Seewasser deutlich erhalten bleibt und sich erst allmählich auflöst. Die typischen „Häutungen“ der vorigen Arten finden sich bei *S. molle* nicht.

Im Aquarium ist die Art so zu pflegen wie die bisherigen, doch gilt sie allgemein als etwas empfindlicher. Besonders anfällig scheint sie gegen den Befall mit verschiedenen Nacktkiemerschnecken zu sein.

Werden Anemonenfische der Gattung *Amphiprion* im Riffaquarium gepflegt, so wird *S. molle* schnell und gern als Ersatz einer Wirts- oder Symbioseanemone angenommen.

Diese Lederkoralle findet man überwiegend im Vorriff auf grobem Geröll. Eingeführt wird sie, nicht gerade häufig, aus Mauritius, Sri Lanka und vor allem Ostafrika. Auch im Roten Meer scheint sie vorzukommen, während ich sie in Importen aus dem indo-australischen Raum bisher nur sehr vereinzelt einmal fand.

Sarcophyton molle ist dem Anfänger nicht zu empfehlen.

Bild 20: *Sarcophyton latum.* Foto: P. Wilkens

Bild 21: *Sarcophyton spec.* Foto: P. Wilkens

Bild 22: *Sarcophyton glaucum.* Foto: J. Birkholz

Bild 23: *Sarcophyton spec.* Foto: J. Birkholz

Sarcophyton glaucum (Quoy & Gaimard), Bild 22
Die eigentliche Pilz-Lederkoralle *S. glaucum* gehört seit einigen Jahren zum festen Tierbestand im Riffaquarium. Die außerordentlich haltbare Lederkoralle findet sich weit verbreitet in den Korallenriffen des Roten Meeres, des Indischen und Pazifischen Ozeans. Sie lebt sowohl auf der Riffplatte, – hier allerdings relativ selten – wie vor allem im Vorriff und der Lagune auf festem oder gerölligem Grund.
Im Aquarium ist *S. glaucum* wie *S. trocheliophorum* zu pflegen. Sie kann künstlich vermehrt werden, indem man den gesamten „Pilzhut" mit ca. 3 cm „Stiel" abschneidet und sauber aufbindet. Nach 3 bis 4 Wochen ist der Pilz auf dem Substrat angewachsen und öffnet dann auch seine Polypen zur vollen Schönheit. Aus dem Stiel entwickelt sich ein neuer Pilzhut, der nach ca. 6 Wochen ebenfalls neue Sekundärpolypen zeigt.
S. glaucum ist je nach Siedlungsgebiet unterschiedlich gefärbt. Neben beige bis sandfarbenen Tierstöcken finden sich auch olivfarbene bis flaschengrüne. Die Lederkoralle paßt sich gut den im Aquarium herrschenden Lichtverhältnissen an und wächst wie alle ihre Verwandten besonders schön, wenn eine blaustrahlende Leuchtstoffröhre mit eingesetzt wird. Ansonsten sind mindestens 3 Leuchtstoffröhren nötig, damit das Tier gut gedeiht. Bei HQI-Licht müssen auch die Pilzlederkorallen oft allmählich angepaßt werden, um Lichtschocks zu vermeiden. Eine gute Wasserbewegung und Fütterung mit feinem Ersatzplankton helfen der *S. glaucum,* jahrelang im Aquarium auszudauern.
Die Art kann auch vom Anfänger gepflegt werden.

Sarcophyton spec. (elegans? Moser), Bild 23
Die im Bild vorgestellte Lederkoralle von pilzförmigem Wuchs mit hohen aufwärts gebogenen Randlappen fand ich vereinzelt in den Vorriffen der Riffgebiete Ostafrikas, des südchinesischen Meeres, der Java- und Timursee. Diese Lederkoralle besticht mit ihren langen, meist rein weißen Polypen, die sich auf den Randlappen konzentrieren, während die Mitte oft polypenfrei ist. Die Grundfarbe der Kolonie schwankt je nach Herkunft zwischen einem hellen Beige bis sandigen Grau, oft aber auch Hellgelb. Die Polypen öffnen sich im Aquarium nur zur vollen Schönheit, wenn mindestens 4 Leuchtstoffröhren, darunter ein „Blaustrahler" oder HQI-Licht eingesetzt wird. Unter HQI entwickeln sich die Tierstöcke nach vorheriger Anpassung besonders prächtig, denn die Polypen können bis zu 5 cm lang werden und zeigen dann deutlich ihren sternblütigen Tentakelbesatz. Obwohl die Wuchsform nicht besonders mit der von Moser 1919 beschriebenen *S. elegans* übereinstimmt, deuten die Skelett-Elemente eine Verwandtschaft an.
Auch diese Lederkoralle ist im Aquarium gut zu pflegen, wenn man ihr die bei den vorigen Arten beschriebenen Umweltverhältnisse bietet. Wichtig ist, den Tierstock gut von Sedimenten, Häutungsresten und Mikroalgen freizuhalten.

Sarcophyton spec., Bild 24
Diese auffällige pilz- bis trogförmige Lederkoralle weicht in der Färbung und der Form der Einzelpolypen wesentlich von den bisher vorgestellten Verwandten ab. Die Art fand sich bisher spärlich in Importen aus Ostafrika, Mauritius und Sri Lanka sowie in letzter Zeit auch aus Indonesien.
Die Tierstöcke sind regelmäßig hell rot- bis rostbraun gefärbt und zeigen sehr lange (bis 6 cm) Einzelpolypen mit wenig ausgeprägtem Tentakelbesatz. Die Polypen stehen zu den Randlappen hin dichter als in der Mitte. In der Aquarienhaltung ist die schöne Art nicht schwieriger als ihre Verwandten. An HQI-Licht ist sie vorsichtig anzupassen, wächst dann aber wie unter 4 bis 6 Leuchtstoffröhren hervorragend. Die symbiotischen Algen werden seltener abgestoßen als bei anderen Arten, was mit der Tiefenverbreitung der Art, meist unter 6 m, zusammenhängen dürfte.
Wie alle *Sarcophyton*-Arten reagiert auch diese empfindlich auf eine direkte Berührung des Stockes mit anderen Blumentieren, besonders Scheiben- und Krustenanemonen sowie Steinkorallen, etwa der Blasenkoralle *Plerogyra sinuosa.*
Über die Vermehrung dieser Lederkorallen gibt es noch keine Erfahrungen, doch dürfte die künstliche ähnlich einfach sein, wie bei anderen *Sarcophyton*-Arten.

Sarcophyton spec. (auritum? J. Verseveldt), Bild 25
Diese prächtige Lederkoralle, die wie eine Kreuzung zwischen *S. glaucum* und *S. ehrenbergi* aussieht, brachte ich mir 1976 aus dem Golf von Eilat mit. Ähnliche Stöcke fand ich 1982 und 1984 in Tansania und Kenya. In der äußeren Gestalt und der Form der Skelett-Elemente ähnelt die pilzartige Lederkoralle der von J. Verseveldt 1978 beschriebenen Art *S. auritum.*
Der Tierstock läßt sich ähnlich gut pflegen und auch vermehren wie *S. glaucum.* Unter HQI-Licht und Leuchtstoffröhren mit hohem Blauanteil werden die hellgrauen bis fast weißen Polypen herrlich lang und groß und zeigen deutlich die 8 gefiederten Tentakel. Bei Fütterung mit feinstem tierischem Ersatzplankton wächst *Sarcophyton spec.* in einem Jahr um gut das Doppelte ihrer ursprünglichen Größe. Der recht robuste Tierstock ist auch Anfängern zu empfehlen, wenn sie die in einem Riffaquarium üblichen Umweltverhältnisse verwirklichen.
Die Lederkoralle verträgt auch ein bis zwei robustere Fische, z. B. Zwergkaiser in der Vergesellschaftung.
Im Bild kann man rechts unten deutlich erkennen, wie eine Tochterkolonie (leider mit geschlossenen Polypen) entwickelt wurde. Gerade auch bei dieser Lederkoralle findet man häufig diese Sprossung am Stamm der Mutterkolonie. Manchmal kann man beobachten, wie sich die Tochterkolonie allmählich vom Mutterstock löst. Dabei wächst sie mit der Basis auf umliegendes Substrat, während das Verbindungsgewebe sehr langsam zerfällt. Die Tochterkolonie kann auch abgetrennt werden.

Bild 24: *Sarcophyton spec.* Foto: J. Birkholz

Bild 25: *Sarcophyton spec.* Foto: J. Birkholz

Bild 26: *Sarcophyton ehrenbergi.* Foto: J. Birkholz

Bild 27: *Sarcophyton ehrenbergi,* Einzelpolypen. Foto: J. Birkholz

Sarcophyton ehrenbergi (V. Marenzeller), Bild 26 und 27

Ehrenbergs Pilz-Lederkoralle gehört zweifellos zu den schönsten und eindrucksvollsten ihrer Gattung. Die Art findet sich weit verbreitet in den Riffen des Roten Meeres, des Indischen und des Pazifischen Ozeans. Im Gegensatz zu der ähnlichen *S. glaucum* trifft man sie aber fast nie auf der Riffplatte im sonnendurchfluteten Flachwasser an. Sie bevorzugt den oberen Riffabhang, besonders das geröllige Vorriff bis ca. 15 m Wassertiefe sowie festen Untergrund im tieferen Lagunenbereich.

Bestechend schön sind die meist rein weißen, seltener gelblich oder grünlich grau gefärbten Sekundärpolypen auf dem Hut. Die acht feinen, gefiederten Tentakeln sind bei voll geöffneten Polypen immer zu erkennen. Diese „Freßpolypen" unterscheiden sich sehr gut von den tentakellosen Schlauchpolypen (Siphonozooide), die man auf dem Pilzhut auch oft erkennen kann. Letztere dienen wie bei anderen *Sarcophyton*-Arten auch, dem Wasser- und Gasaustausch des Tierstockes.

Sarcophyton ehrenbergi hält sich im Aquarium ganz ausgezeichnet. Aber auch sie muß, ihrem natürlichem Hauptvorkommen entsprechend, sehr vorsichtig an HQI-Licht angepaßt werden. Einfacher ist sie unter Leuchtstoffröhren mit mindestens einem „Blaustrahler" zu halten.

Ernährt werden die Tierstöcke wiederum mit feinstem tierischen Ersatzplankton, das man hin und wieder einmal auch direkt über den voll geöffneten Polypen verteilen sollte.

S. ehrenbergi „häutet" sich im Aquarium weniger oft als die verwandte *S. glaucum*. Dies mag mit dem natürlichen Standort zusammenhängen, wo sedimentreiche Wassertrübungen seltener sind als auf der Riffplatte. Manchmal vergehen Wochen, bis die prächtige Tierkolonie ihre Polypen einzieht, um sich Tage später zu häuten. Beobachtet man diesen Prozeß häufiger, so ist oft eine zu starke Lichteinstrahlung (z. B. HQI) die Ursache, doch kann auch eine zu kräftige Fütterung zu verstärkter Häutung führen. Auch zu viele und zu robuste Fische veranlassen *S. ehrenbergi* ihre Polypen öfter einmal einzuziehen. Man sollte diese dekorative Lederkoralle daher nur mit wenigen, ausgesuchten Fischen zusammenpflegen.

Auch bei der künstlichen Vermehrung durch Herausschneiden kleiner Koloniestücke muß man vorsichtig sein, *S. ehrenbergi* verträgt dies nicht so gut wie etwa *S. glaucum* oder *S. trocheliophorum*. Ansonsten ist die Lederkoralle auch Anfängern zu empfehlen, denn sie ist haltbar und ausdauernd.

Zu beachten ist, daß *S. ehrenbergi* es gar nicht liebt, wenn lange „Blätter" der verschiedenen Caulerpa-Algen über ihren Pilzhut wehen. Man halte die raschwüchsigen Blattalgen daher kurz und achte darauf, daß sie nicht in unmittelbarer Nachbarschaft dieser schönen Art wachsen.

Das Gleiche gilt auch für Scheiben- und Krustenanemonen. Besonders erstere vernesseln schnell einmal Stamm und Pilzhut der Tierstöcke.

Carotalcyon sagamianum Utinomi, Bild 28
Wir verlassen nun die umfangreiche Gattung *Sarcophyton* und wenden uns einem weiteren Vertreter der Familie *Alcyonidae* zu, der karottenartig wachsenden Lederkoralle *Carotalcyon sagamianum.*
Die prächtige orange- bis karmesinrote Lederkoralle stammt aus dem tieferen Wasser, vor allem aus strömungsreichen Überhängen und Höhleneingängen. Sie findet sich daher überwiegend am Außenriff-Abhang, doch traf ich sie an der Küste Malaysias auch an reinen Felsküsten mit starker Wasserbewegung an. Im Aquarium biete man dieser Lederkoralle abgeschattete Standorte mit zumindest zeitweiser kräftiger Wasserbewegung. Gefüttert wird gezielt, am besten mit einem Futterrohr, tierisches Ersatzplankton aller Art bis zur Größe eines Wasserflohs. Gern genommen werden die sog. Bosmiden und Artemia-Nauplien.
Carotalcyon sagamianum besitzt keine symbiotischen Algen. Der Tierstock muß daher häufiger einmal gezielt gefüttert werden, um die volle Größe und Schönheit zu erhalten. Ansonsten ist auch diese Art recht haltbar, erreicht aber nicht die lange Lebensdauer im Aquarium wie die *Sarcophyton*-Arten. Auf größere Fische und Krebstiere sollte man bei der Pflege dieser Art verzichten.

Sphaerella krempfi Hickson, Bild 29
Als „Christmas Tree" (Weihnachtsbaum) wird diese Lederkoralle aus dem indo-pazifischen Raum häufig angeboten und importiert. Im Riff lebt sie überwiegend auf grobem Geröllgrund, sowohl des Vorriff- wie des Lagunenbereichs. Der prächtige tannenähnliche Polypenträger (oberer Abschnitt des Tierstockes) kann vollständig in den Stamm eingezogen werden, so daß das Ganze dann wie eine runzelige Kartoffel aussieht. Wohl aus diesem Grund wurde die Art auch als *Alcyonium tuberculosum* beschrieben. Trotz ihrer bräunlichen Färbung beherbergt diese Lederkoralle keine symbiotischen Algen, ist daher vom Licht unabhängig.
Im Aquarium öffnet sie sich zu ihrer vollen Schönheit nur, wenn eine kräftige Wasserbewegung sie umspült. Gefüttert wird sie wie die vorbeschriebene Art öfter einmal gezielt mit tierischem Ersatzplankton. Bei guter Ernährung bildet die *Sphaerella* an der Basis des im Geröll eingesenkten Tierstockes bald wurzelartige Ausläufer, mit denen sie sich gut im Substrat verankert. In der Dekoration sollte man diese Lederkoralle nicht unterbringen, sie fühlt sich dort nicht wohl und zerfällt ziemlich rasch. Der Pflegeaufwand, bedingt durch die häufigere Fütterung, ist für diese Art höher als bei den bisher beschriebenen. Sie stellt in etwa die gleichen Ansprüche wie die *Carotalcyon.*
Auch bei ihr verzichte man auf lebhafte und zu große Fische. Die Tierstöcke öffnen sich nicht, wenn sie zu oft gestört werden.
Der Anfänger sollte diese Lederkoralle nicht erwerben und der Fortgeschrittene den erhöhten Pflegeaufwand beachten.

Bild 28: *Carotalcyon sagamianum.* Foto: P. Wilkens

Bild 29: *Sphaerella krempfi.* Foto: P. Wilkens

Bild 30: Unbekannte Lederkoralle voll geöffnet. Foto: J. Birkholz

Bild 31: Die gleiche Lederkoralle geschlossen. Foto: J. Birkholz

Unbekannte Lederkoralle, Bild 30 und 31

Da die Riffaquarien mit überwiegend sessilen Wirbellosen in den letzten Jahren immer beliebter geworden sind, wurden mehr und mehr festsitzende Blumentiere eingeführt. Zu ihnen gehört auch diese uns völlig unbekannte Lederkoralle, die manchmal aus Ostafrika, dem südchinesischen Meer und der Java- und Timursee importiert wird.

Die voll geöffneten Polypen (Bild 30) haben eine gewisse Ähnlichkeit mit denen der *Sarcophyton*-Arten. Die geschlossene Kolonie (Bild 31) gleicht dagegen ein wenig den *Lobophytum*-Arten. Die Untersuchungen der Skelettnadeln etc. weisen dagegen auf eine *Sinularia*-Art hin. Auffallend sind die fingerförmigen Fortsätze auf der Oberseite der dick-krustenartigen Kolonie.

Wie viele *Sarcophyton*- und *Sinularia*- sowie *Lobophytum*-Arten „häutete" sich auch diese Lederkoralle regelmäßig.

Im Aquarium lassen sich die noch seltenen Lederkorallen hervorragend pflegen. Die Lichtansprüche sind in etwa die gleichen wie bei den *Sarcophyton*-Arten, was auch für die Fütterung gilt. Die Tierstöcke wachsen gut weiter, wenn sie auch nicht so schnell größer werden wie die bisher beschriebenen Lederkorallen mit symbiotischen Algen.

Auffallend ist, daß sich die Kolonien beim Wasser- und Gasaustausch stark zusammenziehen können und gut ein Fünftel ihrer Größe dabei einbüßen.

Wie bei den *Sarcophyton*-Arten beschrieben, sollte man den zusammengezogenen Stöcken bei der Häutung helfen und mit der Hand kräftig über die Kolonie wedeln. Die Art wird besonders häufig von Rippenquallen als Aufsitzerorganismen „heimgesucht", wobei bisher jedoch keinerlei Schädigung beobachtet werden konnte.

Künstlich vermehrt werden kann auch diese Lederkoralle, indem man am besten vom Rand her Teile der Kolonie herausschneidet und aufbindet. Auch einzelne „Finger" habe ich schon abgetrennt und in einen sauberen Korallenast eingeklemmt, wo sie bald anwuchsen. Diese Teilstücke eines Stockes bildeten merkwürdigerweise keine krustenartigen Formen mehr aus, sondern wuchsen als Säulchen weiter, die mit der Zeit immer kräftiger wurden. Ob aus ihnen wieder typische Krustenkolonien heranwachsen, kann ich bis heute nicht feststellen. Aber das gilt ja auch für einige künstlich im Aquarium vermehrte *Sarcophyton*-Arten, die kaum einmal ihre ursprüngliche Wuchsform wieder erlangen.

In der Vergesellschaftung mit anderen sessilen Blumentieren ähneln diese Lederkorallen den bekannten *Sarcophyton*-Arten. Man achte auch hier auf einen guten Sicherheitsabstand zu anderen Nesseltieren und placiere die Stöcke vor allem nicht zu dicht an Scheibenanemonen oder Steinkorallen. Wahrscheinlich werden wir auch in Zukunft immer wieder einmal neue, unbekannte Lederkorallen erhalten. Von den vielen beschriebenen Arten ist bisher aus tropischen Meeren ja nur ein Bruchteil eingeführt und gepflegt worden.

Lobophytum pauciflorum (Ehrenberg), Bild 32
Die Angehörigen der *Alcyoniden-* Gattung *Lobophytum* bilden zumeist krustenförmige Tierstöcke mit allerlei lappen- bis fingerartigen, selten strauchigen Fortsätzen. Sie finden sich in allen Riffgebieten des Roten Meeres und des Indischen sowie Pazifischen Ozeans.
Neben der Riffplatte, die vor allem flach-krustige Vertreter aufweist, werden Riffabhang und Vorriff wie auch der hartgrundige Lagunenbereich besiedelt. *Lobophytum pauciflorum* bildet dicke Krustenpolster mit lappigen Fortsätzen, die in alle Richtungen wachsen. Die Sekundärpolypen auf der Oberseite des Tierstockes sind sehr spärlich und nur an den Rändern der Lappen ein wenig dichter vertreten.
Diese Lederkoralle beansprucht im Aquarium die gleichen Umweltverhältnisse wie die *Sarcophyton-* Arten und kann auch durch Abschneiden von Teilstücken vermehrt werden. Am besten wächst sie unter Leuchtstoffröhren, wenn eine blaue mit eingesetzt wird. Die Tierstöcke wachsen im Aquarium rasch und breiten sich krustenförmig immer weiter aus. Ein Sicherheitsabstand zu anderen sessilen Blumentieren, besonders Scheibenanemonen, ist daher von Beginn an einzuplanen.
Ähnlich den meisten *Sarcophyton-* Arten „häuten" sich auch *Lobophytum-* Arten regelmäßig ein- bis zweimal pro Woche. Gefüttert wird mit feinstem Ersatzplankton.

Lobophytum crassum V. Marenzeller
Diese ebenfalls krustenförmig wachsende Lederkoralle ist viel dichter mit Polypen besetzt als die vorige Art. Ansonsten ähnelt sie im Verbreitungsgebiet wie in der Aquarienhaltung ihrer Verwandten. Die schmallappigen bis fingerförmigen Fortsätze wachsen ebenfalls in alle Richtungen.
Bei den meisten *Lobophytum-* Arten kann man die Kalknadeln und andere Skelett-Elemente gut durch den Weichkörper schimmern sehen.
Lobophytum- Lederkorallen sind sehr robust und können auch einmal mit größeren Fischen wie Seebadern oder Zwergkaisern gemeinsam gepflegt werden. Sie gewöhnen sich auch rasch an allerlei mechanische Störungen, wie z. B. herumkrabbelnde Garnelen oder kleine Einsiedlerkrebse und ziehen dann ihre Polypen nicht mehr ein.
Lobophytum- Arten können leicht vermehrt werden, indem man aus den Randlappen Teilstücke herausschneidet und aufbindet. Sie regenerieren die Wundstellen rasch, und auch die neuen Kolonien wachsen nach ca. 14 Tagen auf dem Substrat fest. Die künstliche Vermehrung gelingt ähnlich gut wie bei den *Sarcophyton-* Arten. Als häufigste Mitbewohner finden sich Rippenquallen, als Parasiten machmal winzige Würmer. Letztere bohren regelrechte Fraßgänge und sind, wie noch beschrieben wird, zu bekämpfen.

Bild 32: *Lobophytum pauciflorum.* Foto: P. Wilkens

Bild 33: *Lobophytum crassum.* Foto: P. Wilkens

Neben den pilz- und krustenförmigen Lederkorallen der Gattungen *Sarcophyton* und *Lobophytum* werden seit einigen Jahren auch immer mehr buschstrauch- und bäumchenartige Lederkorallen aus den Gattungen *Sinularia* und *Cladiella* importiert.
Wie bei den *Sarcophyton*-Arten kann man auch bei den *Sinularia*-Arten einen meist polypenlosen Stamm von einem polypentragenden Busch- oder Astwerk unterscheiden. Das gilt auch für die *Cladiella*-Arten.
Beide Gattungen sind in allen Riffgebieten vom Roten Meer bis zum Indischen und Pazifischen Ozean vertreten. Manche finden sich auch an korallenlosen Felsküsten. Während man *Sinularia*-Arten manchmal auch auf der Riffplatte findet, leben die meisten *Cladiella*-Arten im tieferen Wasser ab etwa 5 m. Das Hauptverbreitungsgebiet beider Gattungen liegt jedoch am Riffabhang, dem Vorriff und dem Lagunenbereich. Bevorzugt wird fester Untergrund, totes Riffgestein oder sehr grober Geröllboden.
Alle bisher eingeführten Vertreter beider Gattungen weisen im Gewebe symbiotische Algen auf, sind daher im großen und ganzen ähnlich zu pflegen wie die *Sarcophyton*-Arten.
Das extrem starke Licht der Halogen-Metalldampf-Lampen HQI vertragen nicht alle Arten gleichmäßig gut. Da wir oft nicht wissen, aus welcher Wassertiefe die importierten Tierstöcke stammen, ist es auf jeden Fall wichtig, sie allmählich an HQI-Licht anzupassen. Bei einer reinen Beleuchtung mit Fluoreszenzröhren (Leuchtstofflampen) gibt es im allgemeinen keine Probleme mit diesen Lederkorallen. Für die Mehrzahl der Arten sollten aber als untere Beleuchtungsgrenze vier Lampen, einschließlich einer blauen, über dem Aquarium untergebracht werden.
Alle strauch- bis bäumchenförmigen Lederkorallen lieben eine kräftige Wasserbewegung, die möglichst aus unterschiedlichen Richtungen den Tierstock umströmen sollte. Der Wasser- und Gasaustausch wird den Lederkorallen dadurch erheblich erleichtert und trägt zu einem langen Überleben und kräftigem Wachstum im Aquarium bei.
Gefüttert wird wieder mit allerlei tierischem Ersatzplankton, das von den unzähligen in alle Richtungen wachsenden Einzelpolypen leicht aus dem Wasser gefischt wird. Eine gezielte Fütterung ist jedoch nicht nötig, da auch diese Tiere einen Großteil ihrer Lebensenergie aus der Symbiose mit ihren einzelligen Algen, Zooxanthellen, beziehen.
Die Regenerationsfähigkeit fast aller importierter *Sinularia*- und *Cladiella*-Arten im Aquarium ist erstaunlich gut. Ähnlich den *Sarcophyton*-Arten werden Verletzungen und auch Fraßspuren parasitärer Art meist rasch ausgeheilt. Das oft überraschende Wachstum, verbunden mit der guten Regenerationskraft bedingen, daß sich auch diese Lederkorallen recht einfach im Aquarium künstlich vermehren lassen. So kann man einzelne Astabschnitte aus der Kolonie heraustrennen und auf einem sauberen Stein oder toten Korallenästchen aufbinden.

Johannes Birkholz hat noch eine zweite Vermehrungsart entwickelt, die gerade dem Anfänger nicht ganz so „grausam" erscheinen mag. Mit einem sehr dünnen Nylonfaden (dünnste Angelschnur) wird ein Ast einer Kolonie abgebunden und leicht eingeschnürt. Nach einigen Tagen wiederholt man, falls notwendig, die Abschnürung mit einem zweiten Faden und bindet etwas stärker zu. Nach etwa einer Woche läßt sich der so eingeschnürte Ast von der Mutterkolonie, ähnlich einem „abgemoosten" Zweig einer Zierpflanze, ganz durchtrennen. Es wird unterhalb der Einschnürung geschnitten und der abgetrennte Ast wieder auf sauberem Substrat aufgebunden. Beim Einschnüren läßt man die Schnurenden stehen und kann sie so später zum Aufbinden verwenden.
Es sind unzählige *Sinularia*- und *Cladiella*-Arten in der Literatur beschrieben worden. Ob es sich bei der großen Verbreitung in relativ gleichförmigen Lebensräumen sowie der hohen Anpassungsfähigkeit an unterschiedliche Licht- und Strömungsverhältnisse immer um echte Arten handelt, mag hier dahingestellt bleiben. Endgültige Aufschlüsse werden wohl erst molekularbiologische und -genetische Untersuchungen bringen, falls diese denn je durchgeführt werden sollten. Allein nach der äußeren Wuchsform und der Ausbildung der Skelett-Elemente eine systematische Ordnung zu finden, scheint mir angesichts der Variationsbreite der Lederkorallen schier unmöglich. Schon im Aquarium bilden gerade auch die *Sinularia*- und *Cladiella*-Arten sehr unterschiedliche Wuchsformen aus, und auch die Zusammensetzung der Skelettkörperchen kann sich ändern, wie Versuche immer wieder bewiesen haben. Allein durch Änderung der Licht- und Strömungsverhältnisse können im Aquarium aus ein- und derselben Art sehr unterschiedlich geformte Tierstöcke herangezogen werden. Wird nun noch „Kalkwasser" eingesetzt und das zur Ausbildung der Skelett-Teilchen wichtige Strontium z. B. mit „CombiSan" regelmäßig ersetzt, können u. U. auch völlig atypische Kalknadeln, -rädchen, -sternchen etc. entwickelt werden. So erscheint es mir aufgrund der Mikroklimata in den einzelnen Riffgebieten durchaus wahrscheinlich, daß ein- und dieselbe Art sehr verschieden geformte Kolonien ausbildet und damit allenfalls Rassen, aber keine echten Arten entwickelt wurden.
Für den Meeresaquarianer dürfte all dies von sekundärem Interesse sein. Wichtig für ihn ist, daß sich unter den vielen eingeführten Lederkorallen eine große Anzahl unterschiedlicher Arten befindet, die jahrelang im Aquarium gepflegt und teilweise auch vermehrt werden können.
Die geschlechtliche Vermehrung der Lederkorallen über die Entwicklung einer Planula-Larve ist meines Wissens bei *Sarcophyton*-Arten im Aquarium bisher noch nicht beobachtet worden. Verschiedene andere Lederkorallen, z. B. aus den Gattungen *Sinularia*- und *Cladiella,* aber auch *Litophyton*- und vor allem *Xenia*-Arten haben sich im Aquarium aber schon mit Planula-Larven vermehrt. Über dies werden wir bei den Arten, die nun vorzustellen sind, noch mehr Einzelheiten erfahren.

Bild 34: *Sinularia macropodia.* Foto: J. Birkholz

Bild 35: *Sinularia spec.* Foto: J. Birkholz

Sinularia macropodia (Hickson & Hiles), Bild 34

Die von Hickson und Hiles 1900 beschriebene *Sinularia macropodia* ist in den Riffen von Ostafrika über den Indischen bis in den zentralen Pazifischen Ozean anzutreffen. Ich fand sie vor allem im Vorriff und der Lagune auf steinigem bis grob gerölligem Grund.

Aus einem dickfleischigen Fuß und Stamm erheben sich je nach Koloniegröße ein bis mehrere dicke Äste, die sich zu stumpf abgerundeten ein bis rund vier cm langen, fingerartigen Fortsätzen verzweigen. Letztere sind besonders dicht mit Sekundärpolypen besetzt.

Die Grundfärbung der Tierstöcke liegt zwischen hellbeige, grauweiß bis hellbraun. Stamm und Polypen sind meist gleich gefärbt.

Sinularia macropodia hält sich im Aquarium ähnlich gut wie die*Sarcophyton*-Arten. Wie diese „häutet" sie sich auch regelmäßig, meist einmal pro Woche. Die Lederkoralle reagiert empfindlich auf HQI-Licht, wenn sie nicht sehr vorsichtig angepaßt wird. Man halte sie in so beleuchteten Aquarien in der Nähe des Bodengrundes und plaziere sie auf keinen Fall direkt unter das Licht und/oder zu nahe zur Wasseroberfläche.

S. macropodia wird, insbesondere bei großen Stöcken, oft von raumschmarotzenden oder gar parasitierenden Krabben geplagt. Auch hervorragend getarnte Nacktkiemerschnecken parasitieren auf ihr. Nicht selten finden sich auch die Kamm- oder Rippenquallen mit den langen Fangfäden. Ansonsten ist die Art robust und kann auch mit einem oder zwei größeren Fischen zusammengehalten werden.

Sinularia spec. (halversoni? J. Verseveldt), Bild 35

Diese sehr hübsche Fingerlederkoralle *Sinularia spec.* ähnelt in ihrer Gestalt und den untersuchten Skelett-Elementen der von Verseveldt 1974 beschriebenen Art *halversoni.* Die bisher sowohl aus Kenya wie dem indo-australischen Raum importierten Exemplare bilden recht flache Tierstöcke mit einem kaum 3 bis 4 cm hohen, dicken, polypenlosen Stamm und fingerartigen, manchmal seitlich zusammengedrückten Fortsätzen auf der polypentragenden Oberseite (Polypar). Einzelne Finger können nochmals wenige lappige Fortsätze aufweisen. Die Polypen selber finden sich auf den Fingern konzentrierter als auf der Oberfläche des Polypars. Diese *Sinularia*-Art wird auch bei guter Beleuchtung selten höher als 7 bis 9 cm, kann aber rasch einen Durchmesser von 15 cm und mehr erreichen. Die Grundfarbe ist elfenbein bis hellgrau, unter starker Beleuchtung ändert sich dies oft in milchkaffeebraun. Ähnlich der *S. macropodia* häutet sich auch diese Art, jedoch recht selten, was mit der höheren Tiefenverbreitung oft unter 15 m zusammenhängen dürfte. In der Ernährung und sonstigen Pflege gleicht die Art der vorbeschriebenen. Wichtig sind auch hier eine kräftige Wasserbewegung, damit sich zwischen den „Fingern" kein Mulm ablagern kann. Eventuell wedele man mit der Hand über den Tierstock.

Ähnliche *Sinularia*-Arten, wie die im Bild 35 vorgestellte, finden sich immer häufiger unter den eingeführten Leder- und Weichkorallen.
Alle zeichnen sich durch mehr oder minder stark fingerartige ausgebildete Fortsätze aus, die mit Polypen besetzt sind. Der polypenlose Rest der Kolonie kann krusten- bis polsterartig oder wie bei den *Sarcophyton*-Arten einen meist stark gedrungenen Stamm aufweisen.
So wird aus Ostafrika, den Seychellen und Sri Lanka sowie den Malediven die Art *Sinularia notanda* importiert, die Tixier-Durivault 1966 beschrieb. In der Wuchsform liegt der Tierstock dieser Lederkoralle zwischen *Sinularia macropodia* (Bild 34) und der fingerigen Art (Bild 35).
Auch sie hält sich sehr gut in unseren Aquarien, muß aber sehr allmählich an HQI-Licht angepaßt werden, um Schäden zu vermeiden.
Stumpf-fingerige bis fast dick noppenartige Fortsätze bildet *Sinularia hirta,* die Pratt 1903 erstmalig beschrieb. Auch sie findet sich zumeist in Importen aus Ostafrika, Sri Lanka und den Malediven. Seit 1983 gelangen sie auch aus Malaysia und Indonesien zu uns. *Sinularia hirta* fand ich oft im flachen Wasser der Lagune, soweit dort fester Untergrund vorhanden ist, und manchmal auch auf der Riffplatte in Ebbetümpeln. Dies mag mit die Ursache dafür sein, daß sie HQI-Licht sehr gut verträgt und dabei rasch weiter wächst. Auffallend bei *Sinularia hirta* ist, daß eine völlig zusammengezogene Kolonie elfenbein- bis creme-weiß aussieht. Öffnen sich die Polypen, sieht sie wie heller Milchkaffee aus. Dies hat die Exporteure in Indonesien veranlaßt, diese Lederkoralle als „dark brown sea-hand", also dunkelbraune Meerhand zu bezeichnen.
Die Tierstöcke fühlen sich in geöffnetem Zustand sehr weich und ein wenig schleimig an, während sie geschlossen fesst wie *Sarcophyton*-Arten sind. Das gilt auch für die ähnliche *Sinularia dura.*
Der *Sinularia macropodia* ähnlich ist *Sinularia prodigiosa.* Bei ihr verzweigen sich die Fingerlappen nochmals in kleinere Sekundäräste, die sehr dicht mit Polypen besetzt sind.
Flache Krusten mit noppenartigen Fortsätzen bildet die von Versefeldt 1978 beschriebene *Sinularia frondosa,* die ich hauptsächlich im südchinesischen Meer fand. Sie besiedelt den Außenriff-Abhang bis in ca. 10 m Wassertiefe meist in Gemeinschaft von *Sarcophyton*- und *Lobophytum*-Arten. An sehr strömungsreichen Stellen ist sie ganz flach mit wenig ausgeprägten lappigen Fortsätzen, während sie an geschützteren Orten auch fingerartige Ausstülpungen aufweist. Im Aquarium entwickeln die Tierstöcke besonders bei guten Lichtverhältnissen, etwa HQI-Licht, längere „Finger", die dann auch dichter mit Polypen besetzt sind. Nach drei bis vier Jahren der Aquarienpflege kann eine *S. frondosa* dann fast wie die im Bild 35 vorgestellte Art aussehen.
Außerordentlich feste, polsterartige Tierstöcke mit noppen- bis stumpffingerigen Fortsätzen bildet *Sinularia dura,* die seit 1984 ziemlich regelmäßig aus der indonesischen und manchmal philippinischen Inselwelt eingeführt wird. Auch

sie lebt wiederum mehrheitlich im Außen- und Vorriffbereich auf festem Grund. In der Lagune habe ich sie nur am Innenriff entdecken können.
Alle diese *Sinularia*-Arten halten sich im Aquarium ausgezeichnet. Man muß jedoch oft ausprobieren, welchen Standort hinsichtlich der Strömungs- und Lichtverhältnisse sie vorziehen. Da wir nicht wissen, aus welchem Bereich die Tierkolonien stammen, müssen wir selbst herausfinden, wo sie sich im Becken am wohlsten fühlen. Das gilt besonders dann, wenn die Finger-Lederkorallen sich anfangs gut öffnen, nach einigen Tagen aber ständig geschlossen bleiben. Wir müssen bedenken, daß die frisch untergebrachten Tiere anfangs öfter einmal Wasser wechseln, da sie durch Fang und Transport immer ein wenig mitgenommen sind. Sagt ihnen dann der Standort im Aquarium nicht zu, schließen sie sich nach einiger Zeit und zeigen ihre Polypen nur noch selten. Oft ist eine zu geringe Strömung die Ursache. Vielfach kann aber auch das Licht zu schwach oder bei HQI auch zu stark sein. Dann müssen wir den Standort unbedingt ändern, denn alle *Sinularia*-Arten entfalten sich voll, wenn sie sich wohlfühlen.
Manche Arten, die in etwas tieferem Wasser leben, häuten sich sehr selten. Andere des extrem flachen Wassers stoßen oft drei- bis viermal pro Woche die dünne Hautschicht in Fetzen ab. Bei *Sinularia*-Arten aus strömungsreichen Gebieten führt mangelnde Wasserbewegung regelmäßig zu ständig geschlossenen Kolonien.
Für die Fütterung verwenden wir bei der relativ geringen Größe der Einzelpolypen ausschließlich feinstes tierisches Ersatzplankton. Gefüttert wird wie bei den *Sarcophyton*-Arten einmal pro Tag eine geringe Menge. Die Gesamtfuttermenge, die ein 300 bis 500 l Aquarium mit festsitzenden Blumentieren benötigt, liegt selten höher als etwa ein gestrichener Mokka-Löffel voll. Wir sollten grundsätzlich kleine Futterportionen reichen, denn wir müssen bedenken, daß auch die *Sinularia*-Arten über ihre gesamte Körperoberfläche allerlei gelöste organische Substanzen aus dem Beckenwasser aufnehmen und dazu noch von den Stoffwechselprodukten ihrer symbiotischen Algen leben können. Daher gilt die Grundregel für alle Leder- und Weichkorallen mit symbiotischen Algen: lieber etwas zu wenig als zu viel.
Alle diese Lederkorallen vertragen auch ohne weiteres einmal eine Fastenperiode von 2 bis 4 Wochen, ohne gleich zu verhungern oder wesentlich an Größe einzubüßen. Besonders dem Anfänger möchten wir daher raten, seine Tierstöcke nicht zu überfüttern.
Ersatzplankton wird auch nur dann gereicht, wenn die Mehrzahl der Lederkorallen voll geöffnet sind. Es hat keinen Sinn, das Beckenwasser mit Feinfutter zu belasten, solange diese Blumentiere geschlossen sind. Bei zu reichlicher Fütterung fördern wir nur das Wachstum lästiger Fadenalgen. Eine gezielte Ernährung mit einem Futterrohr ist bei allen bisher beschriebenen Lederkorallen nicht nötig. Es reicht, wenn das Ersatzplankton gut im Becken verteilt wird und der Schnellfilter für eine halbe bis eine Stunde abgestellt wird.

Bild 36: *Sinularia brassica.* Foto: J. Birkholz

Bild 37: *Sinularia asterolobata.* Foto: P. Wilkens

Bild 38: *Sinularia polydactyla.* Foto: J. Birkholz

Wichtig ist allen bisherigen Erfahrungen zufolge, daß wir das Futter ein- bis zweimal pro Woche vitaminisieren. Eine handelsübliche Vitaminlösung wird auf die Futterportion getropft und sollte dann 15 bis 30 Minuten einziehen. Auch bei der Vitaminisierung dürfen wir nicht übertreiben, denn zu viel oder zu häufig bedeutet oft eine unkontrollierbare Schwebealgenentfaltung oder sog. bakterielle Eintrübungen, die aber meist von Einzellern stammen.
Wenden wir uns nach diesem kurzen Ausflug in die Futtertechnik nochmals einigen interessanten *Sinularia*-Arten zu, die in den letzten Jahren häufiger in den Tiersendungen zu finden waren.

Sinularia brassica May, Bild 36
Die in blumenkohlartigen Kolonien wachsende *Sinularia brassica* gehört mit zu den dankbaren, gut ausdauernden Lederkorallen. Die prächtigen, voll entfaltet meist dunkelbraunen Polypen sitzen auf kurzen Stielen in dem Blumenkohl täuschend ähnlichen Rosetten. Die polypenlosen Ästchen wie auch der krustige Grund der Tierstöcke ist cremeweiß bis hellbeige gefärbt. *Sinularia brassica* besiedelt in bis zu doppelt handflächengroßen Kolonien Hartsubstrate im Vorriff und in der Lagune. In Ostafrika sowie im südchinesischen Meer fand ich diese Art auch manchmal in Ebbetümpeln auf dem Riffwatt.

Sinularia brassica wächst im Aquarium sehr gut und überzieht bald totes, algenfreies Dekorationsmaterial mit ihren hübschen Polstern. Da die dichten Tierstöcke besonders gut Plankton einfangen, vor allem, wenn es allmählich auf sie herabrieselt, werden die Rosetten auch oft größer als in der Natur und können dann vereinzelter stehen. Eine zu starke Wasserbewegung liebt die Art nicht, dann bleibt sie ständig geschlossen. Wir bringen sie daher an strömungsschwächeren Stellen im Becken unter, reinigen sie aber hin und wieder mit einem kräftigen Wasserstrahl vom Auslauf unserer Kreiselpumpe.
Leider wird *Sinularia brassica* häufig von parasitierenden Nacktkiemerschnekken heimgesucht. Man muß daher die Tierstöcke aufmerksam kontrollieren, besonders, wenn irgendwo weißliche Fraßstellen auftreten. Die Plagegeister sind sofort zu entfernen, denn sie können, wenn sie gehäuft auftreten, eine prächtige Kolonie in einer Nacht stark anfressen, ja bis zur Hälfte vertilgen. Nacktkiemer erkennt man am besten abends, nach Abschalten der Beleuchtung. So werden wir mit einer Taschenlampe immer wieder einmal diese Lederkoralle wie ihre Verwandten auf Schmarotzer absuchen.

Sinularia asterolobata Versefeldt, Bild 37
Diese prachtvolle, baumförmig wachsende *Sinularia*-Art ähnelt in ihrer Wuchsform sehr stark ihren Verwandten *S. macropodia* und *S. prodigiosa*. Ein kräftiger deutlich polypenloser Stamm spaltet sich in zwei oder mehrere Sekundärstammchen auf, die sich in lang ausgezogene fingerartige Äste verzweigen. Die Äste

können sich weiter in meist deutlich sichtbare zwei-, drei- bis fünffingerige Fortsätze verzweigen, die dann ein seesternartiges Aussehen aufweisen.
Die Äste sind im Querschnitt meist kreisrund und sehr dicht mit feinen Polypen besetzt, die den oberen Bereich des Tierstockes, den Polypar, wie mit Samt umwickelt aussehen lassen.
Sinularia asterolobata gehört zu den kräftigeren Arten, die auch mit ein bis zwei größeren Fischen zusammengepflegt werden kann. Wichtig für sie ist eine starke Wasserbewegung, nur dann öffnen sich die kleinen Polypen. Ich fand die Art in den Riffen des südchinesischen Meeres meist am Riffabhang und im Vorriff bis in 10 m Wassertiefe. Sie siedelt nur an strömungsreichen Stellen.
Im Aquarium „häutet" sich die Art oft, und wir müssen ihr manchmal mit der Hand helfen, die anhaftenden Hautfetzen zu entfernen.
Die Grundfarbe der Tierstöcke liegt je nach Beleuchtung zwischen elfenbein bis hellgrau oder helloliv. Der Stamm und die Einzelpolypen sind gleich gefärbt. Unter HQI-Licht, an das *Sinularia asterolobata* sehr vorsichtig gewöhnt werden muß, entwickelt sich manchmal eine gelbliche bis grünliche, leicht fluoreszierende Einfärbung, die auf die Bildung von UV-Schutzstoffen zurückzuführen sein dürfte.

Sinularia polydactyla (Ehrenberg), Bild 38
Die „vielfingerige" Lederkoralle *Sinularia polydactyla* wurde von Ehrenberg schon 1834 beschrieben. Diese Art, die sich zusammen mit *Sarcophyton*-Arten im Innen- und Außenriff vieler indo-pazifischer Korallenriffe findet, wird seit ca. 10 Jahren regelmäßig eingeführt und gehört heute fast zur Stammbesetzung eines Blumentier-Aquariums. Der gedrungene Stamm, der je nach Fundort 20 bis 50 mm hoch sein kann und immer polypenlos ist, trägt oberseits einen flach gewölbten Polypar mit einer Vielzahl 40 bis 60 mm langer „Finger". Diese sind rundherum dicht mit Polypen besetzt.
Die Grundfarbe des Tierstockes ist grauweiß bis cremig-gelblich. Die Einzelpolypen sind hell- bis dunkelbraun gefärbt, je nach Lichtintensität. Unter HQI-Licht, an das auch diese Art vorsichtig angepaßt werden muß, werden die Polypen noch dunkler und stoßen dann regelmäßig einen Teil der symbiotischen Algen ab. Nach einem derartigen Vorgang ist *S. polydactyla* deutlich heller gefärbt. Sehr gut entwickelt sich diese *Sinularia*-Art auch unter Leuchtstoffröhren, wobei wieder eine blaue mit einzusetzen ist. Ich konnte beobachten, daß die Art unter diesem Licht weniger schwierig zu pflegen ist als unter Halogen-Metalldampflampen HQI. So wachsen die Finger viel besser und bleiben nicht so gedrungen wie unter hellster Beleuchtung.
Leider wird auch *S. polydactyla* oft von Parasiten geplagt, wobei Nacktkiemer wieder die Hauptfeinde stellen. Ansonsten wächst die Art gut und ausdauernd.
Die folgenden, meist bäumchenartig wachsenden Lederkorallen, die wegen ihres sehr weichen, oft schleimigen Charakters auch als Weichkorallen bezeichnet

werden, gehören der Gattung *Cladiella* an. Diese prächtigen Tierstöcke werden erst seit wenigen Jahren regelmäßiger eingeführt, da ihr Transport, ähnlich dem der *Xenia*-Weichkorallen lange Zeit große Schwierigkeiten machte.
Inzwischen haben einige Exporteure unter Anleitung gelernt, daß *Cladiella*-Arten gründlich entschleimt werden müssen. Dazu läßt man die Tierstöcke einige Zeit in den Fangstationen und reizt sie immer wieder, so daß sie sich stark zusammenziehen. Auch vor dem Versandt werden die Tierstöcke vorsichtig dazu gebracht, sich möglichst völlig zusammenzuziehen und zu entschleimen, wie man es vergleichbar auch mit großen Riffanemonen macht. Da einige Exporteure zur Wasseraufbereitung heute auch gute Aktivkohlen benutzen, sind ihre Verluste weit geringer als früher, so daß sich der Versandt nun lohnt. Wir dürfen ja bei all unserer Vorliebe für die herrlichen Blumentiere nicht vergessen, daß Sammeln und Transport bis zu den Hälterungsstationen sehr aufwendig und oft mühsam sind. Blumentiere, die dann in den dortigen Becken eingehen, sind immer ein finanzieller Verlust für Sammler und Exporteure. Hinzu kommt, daß auch die Fänger mit diesen Tieren sehr viel sorgfältiger umgehen als noch vor wenigen Jahren.
Trotz allem sind die *Cladiella*-Arten schwieriger zu exportieren als z. B. die viel zäheren *Sarcophyton*- und *Sinularia*-Lederkorallen. Wir werden sie daher immer nur in geringen Stückzahlen vorfinden, da auch die Importeure mit Recht das relativ größere Transportrisiko scheuen.
Cladiella-Arten besitzen im Gegensatz zu den *Sarcophyton*- und *Sinularia*-Arten nur winzige Skelettnadeln. Die Gattung wurde daher auch als *Microspicularia* geführt.
Das Hauptverbreitungsgebiet der einzelnen Arten liegt im Indischen und Pazifischen Ozean am Außenriff, Vorriff und tieferen Lagunenbereich. Nach meinen Beobachtungen werden eher strömungsreiche Standorte besiedelt, so daß ich diese Weichkorallen oft in Gemeinschaft mit *Dendronephthya*-Arten und nicht selten auch Hornkorallen *Gorgonacea* fand. Nur selten einmal findet man sie auf dem Riffwatt.
Im Aquarium lieben diese Weichkorallen eine mäßige bis stundenweise starke Wasserbewegung. Keine der mir bekannten Arten häutet sich. Bei Belästigung schleimen die meisten Tierstöcke unterschiedlich stark und ziehen sich dabei zusammen. Auch eingezogene Tierstöcke fühlen sich immer noch weich an.
Symbiotische Algen, Zooxanthellen, sind wohl in den meisten importierten Arten vorhanden. Sonst wäre das überdurchschnittlich gute Wachstum der eingewöhnten *Cladiella*-Arten auch nicht zu erklären. Gewebeproben aller von mir gepflegten Arten wiesen die pflanzlichen Gäste auf.
Die Grundfärbung des Tierstockes samt der Polypen liegt zwischen creme-weiß, gelblich bis hellbraun. Bei manchen Arten sind die Polypen dunkler gefärbt.

Bild 39: *Cladiella spec.* Foto: J. Birkholz

Bild 40: *Cladiella spec.* Foto: J. Birkholz

Cladiella spec., Bild 39

Diese im Aquarium prächtig gewachsene *Cladiella*-Art zeigt die typische Wuchsform ihrer Gattung. Aus einem gedrungenen Stamm erheben sich viele Äste, die sich nach oben hin weiter verzweigen. Der untere Bereich der Tierstöcke ist wiederum polypenlos, während die Sekundärstammchen und Äste zur Spitze hin immer dichter mit Polypen besetzt sind.

Einmal im Aquarium eingewöhnt, hält sich die von Ostafrika, Malaysia oder Indonesien hauptsächlich importierte Art sehr gut und kann auch künstlich vermehrt werden. Hierzu ist das von J. Birkholz entwickelte Verfahren besser geeignet, als wenn man die Äste nur glatt abschneidet.

Die voll geöffnet etwa 3 bis 4 mm großen Polypen sind einfach mit tierischem Ersatzplankton zu füttern, doch reiche man nicht zu viel auf einmal, da sich die Tierstöcke sonst zusammenziehen.

Cladiella-Arten entwickeln sich unter HQI-Licht nach vorheriger Anpassung vorzüglich und wachsen erstaunlich rasch der Wasseroberfläche entgegen. Es ist daher anzuraten, die Stöcke im unteren Bereich des Aquariums zu plazieren. Belästigt werden *Cladiella*-Arten neben Fischen vor allem auch durch die blattartigen Thalli heranwachsender Caulerpa-Arten. Berühren diese die Weichkorallen, ziehen sich die Polypen sofort ein. Merwürdigerweise gewöhnen sich diese Blumentiere auch nicht daran, ständig berührt zu werden. Man achte daher auch auf eine ausgewählte Fischbesetzung und meide möglichst agile Krebstiere, wie z. B. Garnelen, die sie, besonders während der Fütterung, belästigen.

Cladiella spec., Bild 40

Auch diese *Cladiella*-Art mit wieder einer anderen Wuchsform gedeiht im Aquarium gut, wenn man ihr die für die ganze Gattung erwähnten Umweltbedingungen bietet. Gute Lichtverhältnisse veranlassen die Tiere, kräftig zu wachsen, so daß sie nicht selten rasch die Wasseroberfläche erreichen.

Alle *Cladiella*-Arten können mit anderen Lederkorallen dicht zusammengepflegt werden, doch dürfen sie sich nicht gegenseitig berühren. In der Nesselfähigkeit scheinen sie stärker zu sein als *Sarcophyton*- und *Sinularia*-Arten, beobachtet man doch, daß letztere bei ständiger Berührung ihre Polypen einziehen und an diesen Stellen dann anfangen zu zerfallen.

Andererseits werden *Cladiella*-Arten von Scheibenanemonen z. B. schwer geschädigt. Das geht soweit, daß, wenn sich im Becken viele sechsstrahlige Blumentiere, also etwa Steinkorallen, Scheiben- und Krustenanemonen befinden, *Cladiella*-Arten nicht mehr gut gedeihen, ja oft schleimig zerfallen. Als Hauptplagegeister sind auch für diese Weichkorallen vor allem wieder Nacktkiemerschnecken, verschiedene perfekt angepaßte Eischnecken *Ovulidae* und Krabben zu erwähnen. Auch Borstenwürmer werden bei einer Massenvermehrung diesen weichen Tieren gefährlich. *Nereis-, Eunice-* und *Hermodice*-Arten fressen sie regelrecht auf.

Als Lederkorallen, die einen gleichförmigeren Riffbereich im tieferen Wasser besiedeln, reagieren *Cladiella*-Arten auch empfindlicher auf Dichteschwankungen als z. B. die meisten *Sarcophyton*-Arten. Wer diese herrlichen und nicht ganz billigen Blumentiere pflegen möchte, sollte also beachten, daß der Salzgehalt sich nicht zu plötzlich ändert. Ist die Dichte aufgrund hoher Verdunstung einmal zu stark angestiegen, fülle man das Becken nicht zu schnell wieder auf. In derartigen Fällen ist es angebracht, das Süßwasser aus einem Gefäß oberhalb des Aquariums über einen dünnen Luftschlauch ins Becken rinnen zu lassen. Natürlich müssen diese Weichkorallen auch aus dem Transportbeutel vorsichtig an die Verhältnisse im Aquarium angepaßt werden, was am besten mit der Tropfmethode wieder mit einem Luftschlauch geschieht. Empfehlenswert ist bei hoher Verdunstungsrate, wie sie in offenen Aquarien, die vielleicht zusätzlich noch mit einem Rieselfilter betrieben werden, auftritt, ein automatisches Wasserauffüllgerät zu benutzen. Die Tiere danken diesen technischen Aufwand mit besserer Haltbarkeit und höherer Lebenserwartung. Dies gilt auch für die Zugabe von „Kalkwasser". Auf keinen Fall darf die alkalische Flüssigkeit zu konzentriert in die Nähe der Blumentiere eingegeben werden.

Da mit der Zugabe von Calciumhydroxid-Lösungen immer noch Fehler gemacht werden und sie oft nach dem Motto: „Viel hilft viel" gehandhabt wird, möchte ich an dieser Stelle nochmals ausdrücklich vor einem zu sorglosen Umgang warnen. Der Laie kann sich beim Einsatz chemisch-physikalischer Verfahren zur Ergänzung bestimmter Wasserinhaltsstoffe, – hier des Calciumsgehaltes – meist nicht vorstellen, welche für die Tiere bedeutsamen Prozesse dann sekundenschnell ablaufen. Es ist also wichtig, mit dieser Lösung, die aus der Riffaquaristik kaum noch wegzudenken ist, äußerst vorsichtig, wenn nicht penibel umzugehen. Erfolge stellen sich wirklich nur dann ein, wenn das Kalkwasser langsam und in kleinen Dosen zugesetzt wird. Auch hier haben sich die automatischen Auffüllgeräte bewährt, die eine sehr schonende Zugabe gewährleisten. Allerdings müssen sie betriebssicher sein, sonst fülle man lieber per Hand allmählich auf.

Bei sachgerechter Zugabe des Kalkwassers gedeihen alle Leder- und Weichkorallen vorzüglich und wachsen zu prächtigen Tierstöcken heran. Das haben in den letzten Jahren viele Seewasseraquarianer beobachten können.

Auf eine stärkere Ozonisierung, die über die in den Abschäumer gegebenen und völlig verbrauchten Mengen von ca 5 mg pro Stunde hinausgehen, reagieren die *Cladiella*-Arten ebenfalls viel empfindlicher als die *Sarcophyton*-Arten. Muß aus irgendeinem Grund, Wassertrübung, Schwebealgenentwicklung und dgl. einmal mit Ozon gearbeitet werden, beginne man mit ganz geringen Dosen. *Cladiella*-Arten sind überhaupt gute Anzeiger der Wasserqualität. Noch bevor andere Lederkorallen-Arten reagieren, ziehen sie sich zusammen und schleimen stark. Neben den oben erwähnten Gründen kann hier auch ein zu schneller und umfangreicher Materialwechsel im biologischen Filter verantwortlich sein, besonders, wenn mit hochadsorptiver Kohle gearbeitet wird.

Cladiella spec. (humesi, Verseveldt?), Bild 41
Diese prächtige und sehr wuchsfreudige *Cladiella*-Art wird erst seit kurzem häufiger aus Kenya importiert und kommt jetzt auch aus Indonesien zu uns. Leider schicken die Exporteure oft bis zu 30 cm hohe Tierstöcke in großen Beuteln mit viel Transportwasser, so daß diese Weichkorallen recht teuer werden. Allerdings ist es schwierig, die ohnehin nicht so häufigen Tiere in den Freitauchern zugänglichen Gebieten als kleinere Kolonien zu finden. Die Bäumchen sind mehrheitlich regelmäßig 25 cm hoch, meist noch größer bei fast gleichem Durchmesser an der Basis.
Aus diesem Grund habe ich im südchinesischen Meer Versuche gemacht, Teile aus den umfangreichen Kolonien herauszuschneiden und im ruhigen Wasser eines abgegrenzten Lagunenbereiches auf Korallengeröll anzusiedeln. Das Verfahren hat sich bewährt, so daß wir in Zukunft wohl vermehrt kleinere Tierstöcke erhalten werden.
Die hier im Bild vorgestellte *Cladiella*-Art läßt sich im Aquarium gleich gut pflegen wie ihre schon vorgestellten Verwandten. Bei dem raschen Wachstum der Tierstöcke sollten sie in der Nähe des Bodengrundes untergebracht werden, doch nie unmittelbar auf feinem Sand stehen, was auch für die anderen Arten gilt. Auch ist zu raten, ein Aquarium mit wenigstens 50 cm Wasserstand für die *Cladiella*-Arten zu benutzen. Ideal sind Becken mit 65 cm Höhe oder mehr.

Cladiella spec. (australis, Macfadyen?), Bild 42
Auch diese *Cladiella*-Art wird nicht allzu häufig eingeführt und kommt mehrheitlich aus Indonesien und Singapur zu uns. Die Wuchsform erinnert mehr an eine *Sinularia*-Art, doch fehlen ihr die für diese Gattung typischen Skelettnadeln. Die winzigen Spikeln deuten auf die Gattung *Cladiella* bis hin zur Art *australis*.
Der Tierstock ist allerdings nicht ganz so weich und schleimig wie die vorbeschriebenen und kann nach meinen Erfahrungen auch ruhig einmal mit etwas robusteren Fischen, z. B. einem Doktorfisch zusammengepflegt werden. Er reagiert nämlich nicht so empfindlich auf direkte Berührung. Selbst Garnelen scheinen ihn nicht so zu beeinträchtigen wie seine Verwandten. In der zentralen Javasee fand ich diese Weichkoralle sowohl im Vorriff wie in der Lagune ab etwa 5 m Wassertiefe, wo sie auf Hartgrund oder sehr grobem Korallenbruch und Geröll siedelt. Die Pilzlederkoralle *Sarcophyton glaucum* war ihr häufigster Begleiter neben einigen *S. latum* sowie wenigen *Sinularia*- und *Lobophytum*-Arten. Andere *Cladiella*-Arten entdeckte ich in den von mir aufgesuchten Riffen dort nicht.
Im Aquarium verlangt diese Art die gleichen Bedingungen wie die vorbeschriebenen, wobei eine etwas stärkere Wasserbewegung erwünscht ist. Vermehren läßt sie sich ähnlich den *Sarcophyton*-Arten, indem man Teile aus der Kolonie herausschneidet und auf sauberem Substrat aufbindet.

Bild 41: *Cladiella spec.* Foto: J. Birkholz

Bild 42: *Cladiella spec.* Foto: J. Birkholz

Alcyonium spec., Bild 43

Die Vertreter der Gattung *Alcyonium* leben mehrheitlich in kühlen und gemäßigten Meeren und werden populär meist als Meerhand, Seemann's Hand oder auch Teufelshand bezeichnet. Einige Arten leben jedoch auch in wärmeren Meeren wie *Alcyonium brioniensis* im Mittelmeer. *Alcyonium*-Arten können sowohl symbiotische Algen enthalten wie völlig algenfrei sein.

In den Korallenriffen gibt es nur wenige bisher beschriebene Arten mit symbiotischen Algen, zu denen die in Bild 43 vorgestellte Meerhand aus Indonesien gehört.

Dieser Vertreter scheint im Riff recht selten zu sein. Eingeführt wird er kaum, und auf meinen Reisen mit gezielter Beobachtung der Lebensräume tropischer Lederkorallen fand ich ihn bisher nie. Merkwürdigerweise gehörte diese Art zu den ersten tropischen Lederkorallen, die ich ab 1968 im Riffbecken pflegte. Obwohl ich damals noch sehr wenig über die Lebensbedingungen tropischer Blumentiere wußte, und alles, was erhältlich war, bunt durcheinander mischte, überdauerte die ansprechende Lederkoralle viele, aus heutiger Sicht typische Anfängerfehler und lebte bis zu einem größeren Umzug in verschiedenen Riffaquarien. Anfangs hielt ich den Tierstock nur unter 3 Leuchtstoffröhren, wo er zwar nicht wuchs, aber sich doch gut hielt. In einem größeren Riffbecken ab 1974 wurde er mit 6 Röhren bestrahlt und erhielt zudem zeitweise direktes Tages- und Sonnenlicht aus einem Oberlichtfenster. Die weitaus besseren Lichtverhältnisse führten zu einem erstaunlichen Wachstum, so daß diese Lederkoralle schon nach einem Jahr gut doppelt so groß war. Bis 1979 wuchs das ursprünglich ca. 9 cm hohe Gebilde auf über 25 cm heran. Leider überstand es den schon erwähnten Umzug nicht mehr, doch erstaunt mich noch heute die Lebenskraft dieses Tierstockes. Das mag vielleicht mit ein Beispiel dafür sein, wie zäh und ausdauernd einige tropische Lederkorallen sein können.

Alcyonium spec., Bild 44

Häufiger werden in den letzten Jahren bunte *Alcyonium*-Arten aus der Höhlenfauna indo-pazifischer Korallenriffe importiert. Bei diesen Arten herrschen kräftige Gelb-, Orange- und Rottöne vor. Die Wuchsform kann neben der typischen Meerhand auch buschig bis krustenartig sein.

Die kleine gelbliche Art hier im Bild wurde des öfteren in größeren Mengen aus Indonesien und Sri Lanka importiert und hält sich im Aquarium ganz ausgezeichnet. Sie liebt dämmeriger Standorte mit stundenweiser kräftiger Wasserbewegung. Diese kleinen Kostbarkeiten, die kaum über 40 bis 50 mm hinaus-

Bilder rechte Seite
Bild 43 oben links: *Alcyonium spec.* Foto: P. Wilkens
Bild 44 unten links: *Alcyonium spec.* Foto: J. Birkholz
Bild 45 unten rechts: *Alcyonium spec.* Foto: J. Birkholz
Bild 46 oben rechts: unbekannte Weichkoralle. Foto: P. Wilkens

wachsen, sollte man gezielt füttern. Die vergleichsweise großen Einzelpolypen können ohne weiteres Planktonorganismen von der Größe eines Wasserflohs vertilgen. Füttert man sie wenigstens einmal täglich, sprossen bald von der Basis neue Polypen hervor, die später ästchen- bis fingerförmige Verzweigungen bilden. Nach bisherigen Erfahrungen scheinen diese kleinen *Alcyonium*stöcke wie auch ihre rot bis orange gefärbten Meerhand-Verwandten weit weniger empfindlich zu sein als die bunten Weichkorallen der Gattung *Dendronephthya.*

Alcyonium spec., Bild 45

Auch diese krustenförmige, hübsch orange gefärbte *Alcyonium*-Art hat sich im Aquarium als ausdauernd erwiesen. Sie wird hauptsächlich aus Indonesien eingeführt, ist aber nicht häufig in den Sendungen zu finden. In der zentralen Javasee fand ich die Art verstreut unter Abhängen und an Höhleneingängen bei allgemein starker Strömung.

Im Aquarium bringe man sie ähnlich unter, obwohl sie gegen Veralgung seltsamerweise ziemlich unempfindlich ist. Bei gezielter Fütterung mit feinstem Ersatzplankton bilden auch diese ursprünglich kaum fünfmarkgroßen Tierkolonien kriechende neue Polster aus. Interessant ist, daß sich Teilstücke der Mutterkolonie manchmal vollkommen abtrennen und gut weiterwachsen. Natürlich werden wir so zarte Blumentiere nicht mit schnellen Fischen oder den ständig neugierigen Garnelen zusammenpflegen. Dafür sind sie aber so recht für kleinere Spezialaquarien um 100 l geeignet, in denen man sie mit festsitzenden Wirbellosen ähnlicher Lebensweise, z. B. kleinen Schwamm- und Moostierchen-Kolonien, bunten Weich- und Hornkorallen sowie Manteltieren vergesellschaftet.

Unbekannte Weichkoralle, Bild 46

Die in Bild 46 dargestellte Weichkoralle, bei der es sich eventuell um eine *Cespitularia*-Art handeln könnte, stammte aus dem gleichen ersten Import tropischer Lederkorallen wie die *Alcyonium*-Art in Bild 43.

Diese Weichkoralle wurde unter sehr einfachen Bedingungen in einem Aquarium mit kräftigem Blattalgenwuchs *Caulerpa prolifera* ab 1968 gepflegt. Obwohl das Becken mit nur zwei Leuchtstoffröhren bestückt war, gedieh die merkwürdige Tierkolonie auffallend gut und schob von ihren seitlichen Ästen immer wieder lappige Fortsätze aus, die sich sogar auf den *Caulerpa*-„Blättern" festsetzten. Dort entwickelten sich bald Polypen, die den heute häufiger importieren *Xenia*- und *Anthelia*-Arten sehr nahekommen.

Ab 1974 bezog der Tierstock ein Riffaquarium mit besseren Lichtbedingungen und begann nun fast abenteuerlich zu wuchern. Bald konnte ich einzelne Kolonieteile abtrennen und auf sauberem Riffgestein „anpflanzen". Aus den lappig-krustigen Teilstücken mit einigen wenigen Sekundärpolypen erhoben sich Zweige mit unregelmäßiger Polypenbesetzung.

Familie *Xeniidae*

Xenia spec. und *Cespitularia spec.*, verschiedene Arten, Bild 47 und 48

Die Familie der *Xeniidae,* im Deutschen manchmal als Straußenfederweichkorallen bezeichnet, wurde von Ehrenberg schon 1828 aufgestellt. Sie umfaßt bis heute 7 Gattungen, von denen vor allem die Vertreter der *Xenia, Anthelia, Cespitularia* und *Sympodium* aquaristisch interessant sind. Diese Weichkorallen in des Wortes ureigenster Bedeutung unterscheiden sich schon äußerlich erheblich von allen bisher vorgestellten *Alcyonacea.* Die weich-schleimigen Tierstöcke besitzen Polypen, die sich zwar zusammen-, jedoch nicht mehr in die gemeinsame Leibesmasse völlig zurückziehen können. Die Skelett-Elemente sind, wenn überhaupt vorhanden, winzig.

Die *Xeniiden* sind in tropischen Gewässern besonders stark vertreten, doch gibt es auch Arten in kalten und gemäßigten Meeren, dann meist in größeren Tiefen. Diese Weichkorallen der tropischen Meere besitzen alle symbiotische Algen. Das Zusammenleben zwischen Tier und Pflanze ist so eng, daß die Mehrzahl der *Xeniiden* keine aktiven Planktonfresser mehr sind. Ihre Nahrung nehmen sie in gelöster Form über die gesamte Körperoberfläche auf. Sie werden zudem überwiegend von ihren pflanzlichen Gästen mit Nährstoffen versorgt.

Die Einzelpolypen der *Xeniidae* sind oft erstaunlich groß und können bei guter Beleuchtung 15 mm und länger werden, bei nicht selten ähnlich großem Durchmesser des Tentakelkranzes. Die Fangarme sind grundsätzlich gefiedert, wobei einfache oder doppelseitige Fiederung vorkommt.

Viele *Xenia,- Cespitularia-* und *Anthelia-* Arten führen mit ihren Polypen rhythmisch pumpartige Bewegungen durch. Dies dient nicht etwa dem Planktonfang, wie vielfach vermutet wird, sondern wahrscheinlich dem Gas- und Wasseraustausch des Tierstockes.

Die meisten Angehörigen der Familie sind beige, cremefarben oder hellbraun getönt, was durch die Färbung der symbiotischen Algen bedingt wird. Bewohner des extrem flachen Wassers entwickeln aber auch UV-Schutzstoffe, so daß die Tiere dann rötlich, grünlich oder bläulich, oft irisierend, gefärbt sind. Gut ist das bei der Art in Bild 48 zu sehen.

Im Aquarium wachsen alle bisher importierten *Xeniiden* sehr gut unter HQI-Licht. Allerdings sollte man auch hier die Tiere vorsichtig anpassen, wenn sie z. B. aus einem anders beleuchteten Aquarium stammen.

Einige Arten lassen sich auch unter Leuchtstoffröhren pflegen, doch müssen es dann mindestens vier Lampen mit einem „Blaustrahler" sein. Wichtig ist eine zumindest zeitweise sehr starke Wasserbewegung, die den Blumentieren den Austausch der Stoffwechselprodukte erleichtert.

Viele *Xeniiden* besitzen eine erstaunlich hohe Abwehrfähigkeit und schützen sich mit einer Art Verdauungssekret vor unliebsamen anderen Blumentieren. Einige Arten können z. B. Steinkorallen regelrecht „erwürgen", indem sie über das lebende Korallengewebe wuchern.

Bild 47: *Xenia-* und *Cespitularia*-Arten. Foto: J. Birkholz

Bild 48: *Cespitularia spec.* Foto: J. Birkholz

Bild 49: *Cespitularia spec.* Foto: J. Birkholz

Bild 50: *Cespitularia spec.* Foto: J. Birkholz

Neben Riff-Fels und toten Korallenstöcken wird auch Grobgeröll besiedelt, oft findet man *Xeniiden* sogar auf großen Blattalgen oder Seegräsern. Die ungeschlechtliche Vermehrung erfolgt über lappenartige Ausläufer, die von der Basis einer Mutterkolonie ausgesandt werden. Bald entwickeln sich auf der Oberseite dieser Lappen die ersten Sekundärpolypen, die besonders unter HQI rasch heranwachsen. Bei ausreichender Koloniegröße trennen sich die Tochterstöcke auch bald einmal von der Stammkolonie. Bild 49 zeigt eine *Cespitularia*-Art, die sehr rasch der Wasseroberfläche entgegenwuchs, wobei sich die oberen Polypenlappen schon umlegen mußten. In solchen Fällen kann man ruhig einmal einen Zweig mit etlichen Polypen glatt abschneiden und am besten in einen sauberen toten Korallenast einklemmen. Erstaunlich schnell wächst so ein Teilstück fest, oft vergehen nur 3 bis 4 Tage, und man erhält eine schöne Sekundärkolonie (Bild 50).

Nicht wenige *Xeniiden* haben sich im Aquarium auch geschlechtlich vermehrt. Die Eier werden im Gastralraum befruchtet, wo sich auch die bewimperte Larve, die sog. Planula entwickelt. Nach der Reife werden die Larven ins Wasser abgestoßen und schwimmen als knapp millimetergroße Planktonlebewesen einige Tage frei umher. Gelingt es ihnen, sich auf sauberem Untergrund festzusetzen, sehr gut sind hier im Aquarium wachsende Kalkalgenkrusten, bildet sich bald ein Einzelpolyp, der durch ständige Sprossung Tochterindividuen erzeugt.

Leider muß man oft beobachten, daß nach einer geschlechtlichen Fortpflanzung dieser Weichkorallen die Mutterkolonie „abschmiert“.

Oft sterben auch ganze *Xenia*-Bestände ab, wenn sie mit einer künstlichen Kohlensäure-Düngung zu starkem, unnatürlichem Wachstum angeregt wurden. Die künstliche CO_2-Zufuhr sollte man im Riffaquarium mit Blumentieren nicht anwenden, sie führt in den meisten Fällen neben unkontrollierbarem Algenwachstum zu rasch dekadenter werdenden Lederkorallen, Scheiben- oder Krustenanemonen. Das immer leicht alkalische Meerwasser nimmt schon bei der Belüftung im Entschäumer genug Kohlendioxid aus der Luft auf, so daß es bei geringem Algenwuchs sowieso nie zu einem Mangel an diesem Nährstoff kommt. Wir halten es im Interesse kräftiger, gesunder Blumentiere für wenig sinnvoll, in einem Riffaquarium künstlich CO_2 einzugeben, ganz abgesehen davon, daß ein erheblicher technischer Aufwand (ständige pH-Wert-Kontrolle, ausreichende Pufferung etc.) dann notwendig werden.

Xenia- und *Anthelia-* oder andere Arten sollte man erst erwerben, wenn im Aquarium keine Fadenalgen mehr wachsen. Die Mehrzahl dieser zarten Weichkorallen reagiert empfindlich auf die lästigen Grünalgen und stirbt meist allmählich ab.

Auch wuchernde Blattalgen der Gattung *Caulerpa* werden schlecht vertragen. Gut geeignet sind aber einige Büsche langsam wachsender Blattrotalgen. Ideale Verhältnisse für die *Xeniiden* herrschen, wenn Kalkrotalgen die Dekoration überziehen. Dann gibt es kaum Schwierigkeiten mit den Tieren.

Xenia spec., Bild 51
Die Angehörigen der Gattung *Xenia* unterscheiden sich von den ebenfalls häufig eingeführten *Anthelia*-Arten, daß sie grundsätzlich einen Stamm und einen meist pilzförmigen Polypenträger (Polypar) entwickeln. Die hier im Bild gezeigte Art gehört zu den Formen mit pumpenden Polypen. Da alle *Xeniiden* eine zumindest zeitweise kräftige Wasserbewegung schätzen, ist das rhythmische Zusammenziehen und Öffnen der Tentakeln nicht immer zu beobachten. Deutlich zu erkennen ist es jedoch bei schwachen Strömungsverhältnissen. Im Aquarium verlieren manche Arten das eigenartige Pumpen ihrer Polypen. Ursache hierfür ist zumeist ein hohes Nährstoffangebot, sowohl an organisch gelösten Substanzen wie an Nitraten. So konnten wir in einigen Versuchen feststellen, daß bei Nitrat-Werten über 10 ppm (mg/l) der rhythmische Tentakelschlag immer schwächer wird und schließlich ganz eingestellt wird. Aus vielen Beobachtungen läßt sich zudem schließen, daß die meisten Arten dieser Weichkorallen im Aquarium auf Dauer nur in sehr nährstoffarmem Wasser überleben. Der Nitrat-Wert sollte nach unseren Erfahrungen daher etwa 5 ppm nicht übersteigen. Aus diesem Grund ist neben guter Entschäumung zur Verminderung organisch gelöster Substanzen auch ein biologisch-bakterieller Filter mit Denitrifikationsprozessen zu empfehlen.

Anthelia glauca (Savigny), Bild 52
Die Einzelpolypen der *Anthelia glauca* erheben sich aus einem kaum sichtbaren, eher lappigem Stamm und können 50 mm und länger werden. Auch hier schließen und öffnen sich die Polypenfangarme rhythmisch innerhalb weniger Sekunden.
Bei guter Beleuchtung wuchern *Anthelia*-Arten förmlich und können rasch allerlei totes sauberes Dekorationsmaterial besiedeln. Gern werden die Krusten von Kalkrotalgen als Grund angenommen. Verschiedene Arten wachsen aber sogar auf *Caulerpa*-„Blättern" weiter, wenn sich kein geeignetes Siedlungssubstrat in der Nähe findet. Scheiben- und Krustenanemonen, die in der Nähe einer *Anthelia*-Kolonie wachsen, behindern diese nach bisherigen Beobachtungen kaum. Hier unterscheiden sich die *Anthelia* von manchen *Xenia*-Arten, die auf die sechsstrahligen Blumentiere empfindlich reagieren. Dennoch sollte man auch bei *Anthelia*-Arten darauf achten, daß sie nicht zu dicht neben anderen festgewachsenen Blumentieren stehen, denn behindern werden sich die einzelnen, oft bunt durcheinander gemischten Nesseltiere irgendwie immer. Wie im Riff, kommt es auch in den räumlich eng begrenzten Verhältnissen eines Aquariums bald zu einem Kampf um das Siedlungssubstrat. So ist es nicht verwunderlich, wenn die eine oder andere Blumentier-Kolonie unterliegt und allmählich abstirbt. Bei der Vielzahl der heute importierten Arten aus allen tropischen Meeren ist daher die Beobachtungsgabe des Aquarianers besonders gefordert, um größere Verluste zu vermeiden.

Bild 51: *Xenia spec.* Foto: J. Birkholz

Bild 52: *Anthelia glauca.* Foto: J. Birkholz

Bild 53: *Anthelia spec.* Foto: P. Wilkens

Bild 54: *Xenia spec.* Foto: P. Wilkens

Anthelia spec. (desjardiniana, Templeton?), Bild 53
Diese prächtige, besonders großpolypige *Anthelia*-Art wird in letzter Zeit häufiger von der ostafrikanischen Küste importiert. Die ersten Exemplare brachte ich mir 1976 von Mauritius mit, wo die Art auf abgestorbenen Riffteilen in der Nähe von Hotelabwässern regelrecht wucherte.
Kleinere, ca. handflächengroße Kolonien überstanden im Gegensatz zu allen von mir ausprobierten *Xenia*-Arten den Transport sehr gut. Sie wucherten bald abenteuerlich in meinem Riffaquarium.
Sehr gut sind im Bild die einzelnen Pumpstadien verschiedener Polypen zu erkennen, die von fast geschlossen bis vollkommen geöffnet reichen. Leider verlor ich diese schöne Weichkoralle bald, da ein Streifenseebader *Acanthurus lineatus* die zarten Polypen offensichtlich für freßbare Algen in dem algenlosen Aquarium hielt. Er graste innerhalb zweier Tage alle *Anthelia*-Polypen ab. Aus den Resten entwickelten sich leider keine neuen mehr. Dies mag veranschaulichen, daß man bei den zarten Weichkorallen besonders sorgfältig in der Fischgesellschaft sein muß. Wir empfehlen, auf keinen Fall Doktorfische oder Zwergkaiser mit den empfindlichen Blumentieren zusammenzuhalten. Besser geeignet sind Grundeln, Mandarinfische und ähnlich zarte Mitbewohner. Auch auf Garnelen und andere Krebstiere verzichtet man besser in einem Aquarium mit *Xeniiden.* Die Blumentiere werden zu oft beeinträchtigt und ziehen ein.

Xenia spec. (florida, Lesson?), Bild 54
Zu den ersten pumpenden *Xenia,* die ich 1974 erstmalig mit Erfolg lebend aus Indonesien einführen konnte, gehört diese prächtige Art mit ihrem pilzförmigen Körper und den langen Einzelpolypen. Im Gegensatz zu anderen Verwandten schleimte die Art nur ganz wenig und überstand den Transport von Djakarta nach Deutschland nach mehrmaligem Wasserwechsel sehr gut. Im Aquarium hielt sich die herrliche Weichkoralle, obwohl ich damals nur mit Leuchtstoffröhren beleuchtete, mehr als 3 Jahre in gutem Zustand. Erst eine Umsiedlung im Jahre 1977 überstand sie nicht.
In dem fast nitratlosen und hervorragend abgeschäumtem Wasser erfreute mich die *Xenia* immer wieder mit ihren so geheimnisvoll wirkenden Pumpbewegungen.
Inzwischen wird die Art regelmäßig aus Indonesien oder anderen Gebieten im südchinesischen Meer eingeführt. Wie ich 1980 beobachten konnte, wächst sie vorwiegend am Außenriffabhang bis zu einer Tiefe von 15 m. Häufig fand ich sie mit *Sarcophyton ehrenbergi* und *S. glaucum* vergesellschaftet. Bei der fast ständigen recht starken Wasserbewegung am Riffabhang sieht man das Pumpen selten. Auch im Aquarium ziehen sich die Polypen nur bei relativ ruhigem Wasser rhythmisch zusammen. Das sollte uns aber nicht dazu verleiten, den Tieren keine ausreichende Strömung zu bieten. Zum Wohlbefinden benötigen sie dies unbedingt.

Xenia spec. (distorta, Tixier?), Bild 55

Bei dieser *Xenia*-Art, die vorwiegend aus Ostafrika importiert wird, erheben sich aus einem gemeinsamen „Grundlappen“ mehrere gedrungene Stämmchen mit ebenfalls erstaunlich langen, dünnen Einzelpolypen, die 60 mm und mehr messen können. Die Tentakeln sind nicht so auffällig breit und nur schwach gefiedert. Dennoch erweist sich auch diese *Xenia*-Art im Aquarium als haltbar und dauerhaft, obwohl ihr Transport immer noch mit erheblichen Schwierigkeiten verbunden ist. Nicht selten fallen 50% und mehr einer Sendung aus, d. h. man findet in den Beuteln nur noch bräunliche, schleimige Reste. Gut angepaßt und eingewöhnt regenerieren aber leicht geschädigte Exemplare auffallend rasch und erfreuen dann auch durch gutes Wachstum. Aufpassen muß man auch hier mit den Fischen. Doktorfische und Zweigkaiser sind gänzlich ungeeignet. Aber auch manche Riffbarsche und, wie hier im Bild der Leierschwanz-Blennide *Meiacanthus atrodorsalis,* beißen, wohl aus Langeweile, immer wieder einmal einzelne Polypen ab.

Diese *Xenia*-Art gehört übrigens zu jenen, die nicht pumpen. Hin und wieder gibt es ganz schwache Bewegungen der Fangarme, die aber nicht mit den auffallenden anderer Arten zu vergleichen sind.

Im Riff fand ich die Art mehr an strömungsschwachen Stellen, vor allem auch im Lagunenbereich.

Xenia umbellata (M. Edwards & Haime), Bild 56

Eine der schönsten *Xenia*-Arten ist zweifellos *X. umbellata.* Die deutlich pilzartig aufgebauten Weichkorallen mit bis zu 50 mm langen Einzelpolypen finden sich vor allem am Riffhang und im Vorriff vom Roten Meer über den Indischen bis in den Pazifischen Ozean. Leider wird die Art noch selten angeboten, da sie im Transport sehr empfindlich reagiert. Erst seitdem wir die Tierstöcke mit ihrem Substrat auf Styroporblöckchen oder Korken aufbinden, so daß die Polypen sozusagen kopfüber im Wasser des Transportbeutels hängen, klappt der Import etwas besser.

Im Aquarium gehört diese pumpende Art, wenn sie gut eingewöhnt wird, mit zu den dann haltbaren Formen, doch pflege man sie nur mit zarten Fischen. Auf dieser *Xenia* hausen besonders oft schmarotzende Krabben und Nacktkiemerschnecken. Frisch erworbene Tierstöcke beobachte man daher besonders intensiv, um Freßfeinde zu erkennen.

Auch bei dieser *Xenia* wurde im Aquarium die geschlechtliche Fortpflanzung über planktonische Larven, Planulae, beobachtet. Gleichzeitig mußten wir feststellen, daß die Mutterkolonie nach Abgabe der Larven eingeht. Nicht selten werden Tierstöcke importiert, die schon befruchtete Eier oder gar voll entwickelte Larven besitzen, die manchmal schon im Transportbeutel abgestoßen werden. Auch solche Tiere sterben dann ab. Dies ist mit ein Grund für den hohen Preis der schönen Weichkoralle.

Bild 55: *Xenia spec.* Foto: P. Wilkens

Bild 56: *Xenia umbellata.* Foto: J. Birkholz

Bild 57: *Anthelia spec.* Foto: J. Birkholz

Bild 58. *Anthelia spec.* Foto: J. Birkholz

Anthelia spec., Bild 57
Eine wunderschöne *Xeniide,* die in rasenartigen Kolonien wächst und oft wuchert, ist diese *Anthelia*-Art. Die großen Einzelpolypen werden etwa 30 mm hoch bei annähernd gleichem Durchmesser des Tentakelkranzes. Die acht kräftig gefiederten Fangarme lassen diese Weichkoralle besonders reizvoll aussehen. Die Art pumpt nicht, wächst dagegen sehr rasch und kann innerhalb weniger Monate große Teile der Dekoration polsterartig überziehen.
Leider lösen sich nicht selten große Tierkolonien plötzlich und unerwartet auf, wobei wir bisher noch keine Ursache für dieses Phänomen erkennen können. Wir konnten aber immer Teile retten, indem wir allzu umfangreich gewachsene Stöcke aufteilten und sie an unterschiedlichen Standorten im Aquarium plazierten.
Dieser Weichkoralle werden neben den üblichen Freßfeinden wie Krabben, Nacktkiemerschnecken und manche Borstenwürmer vor allem auch die gefürchteten Strudelwürmer (Planarien) gefährlich. Letztere sind jedoch nicht der Grund für das plötzliche Absterben, denn die Kolonien werden von den Planarien zwar rasch angefressen, nicht jedoch so vollständig zerstört. Es kommen wohl mehr stoffwechselphysiologische Vorgänge mit eventuellem bakteriellen Sekundärbefall sowie verschiedene Einzeller für die berüchtigte Totalzerstörung in Frage.

Anthelia spec., Bild 58
Zu den ebenfalls rasch wuchernden *Anthelia*-Arten gehört diese uns unbekannte Form. Im Riff findet sie sich vor allem auf der Riffplatte, wo sie in dichten Kolonien auf festem Untergrund siedelt. Kleine Tierstöcke entdeckte ich auch auf größeren Blattalgen, ja sogar auf Seegräsern im Lagunenbereich.
Ihrem natürlichen Vorkommen entsprechend liebt die Art starke Wasserbewegung. Nur dann wächst sie erfolgversprechend und läßt sich auch von Scheiben- oder Krustenanemonen nicht behindern. Im Gegenteil, oft wuchert sie über andere krustenförmige Blumentier-Kolonien hinweg. HQI-Licht scheint ihr besonders zu bekommen, sproßt sie doch dann Polyp um Polyp aus dem dicklappigen Kriechgewebe. Nach unseren Erfahrungen scheint die Art auch recht unempfindlich gegenüber verschiedenen Freßfeinden zu sein. Zumindest findet man an ihr bei weitem nicht so oft irgendwelche Parasiten wie bei den bisher beschriebenen. Dennoch muß man wie bei allen *Xeniiden* immer intensiv beobachten, um Schädlinge frühzeitig zu erkennen und zu entfernen.
Die Weichkorallen der Familie *Xeniidae* sind nicht unbedingt für Anfänger geeignet. Die Tierbesatzung muß gut ausgewählt und zusammengestellt werden, was vor allem für die Fische gilt. Auch auf Krebstiere sollte man verzichten, wenngleich sich einige Arten an die zeitweise Belästigung durch Garnelen z. B. gewöhnen. Man sollte keine *Xeniiden* erwerben, solange Fadenalgen im Becken wachsen.

Familie *Nephtheidae*

Litophyton arboreum Forskal, Bild 59 und 60

Die Familie der *Nephtheidae* beherbergt vor allem Weichkorallen mit strauch- bis bäumchenartigem Wuchs. In ihr finden wir die prachtvolle Fülle jener bunten Arten, die im Riff an strömungsreichen Stellen des tieferen Wassers oder in Höhlen und Überhängen siedeln. Die Mehrzahl lebt auf hartem Untergrund am Riffhang und im Vorriff, doch haben sich manche Arten auch Grobgeröll bis hin zu mittelfeinem Sand erobert.

Die allgemein als Bäumchenweichkoralle bezeichnete *Litophyton arboreum* wird schon seit einigen Jahren regelmäßig eingeführt. Die Art ist zwar etwas transportempfindlich, doch kommen heute die meisten Sendungen in gutem Zustand an, vorausgesetzt, die Tierstöcke sind nicht zu groß.

Die zumeist aus Indonesien importierten Kolonien erweisen sich im Aquarium als sehr haltbar, wuchfreudig und von Parasiten wenig gefährdet.

Das mag gewiß damit zusammenhängen, daß die Art im Gegensatz zur Mehrzahl der *Nephtheiden* symbiotische Algen in ihrem Gewebe beherbergt. Sie dürften auch mit für das hervorragende Regenerationsvermögen dieser Weichkoralle verantwortlich sein. Oft habe ich nämlich aus leicht beschädigten frisch importierten Tierstöcken gute Kolonien heranziehen können, indem ich alle fauligen Teile abgeschnitten habe. Die einigermaßen gut erhaltenen Reststücke werden dann wieder am besten mit einem breiten flachen Nylonband auf sauberes Korallengeäst gebunden und an strömungsreicher Stelle im Aquarium untergebracht. Schon nach 5 bis 6 Tagen sind die Weichkorallen festgewachsen und das Band kann entfernt werden, wenn es nicht schon von Gewebe überwachsen ist. Auch die Vermehrung gelingt gut, wenn man einzelne Äste sauber mit einer Klinge oder einem Skalpell heraustrennt.

Da *Litophyton arboreum* im Riff meist erst ab etwa 6 bis 8 m Wassertiefe vorkommt, ist der Tierstock vorsichtig an HQI-Licht anzupassen. Man bringe die Tierstöcke auch schon wegen ihres erstaunlichen Wachstums (siehe Bild 59) im unteren Bereich des Aquariums unter. Sehr gut läßt sich die Art bei Leuchtstoffröhren pflegen, doch sollten es mindestens vier einschließlich eines „Blaustrahlers" sein.

Wichtig ist ein ausreichender Sicherheitsabstand zu anderen Blumentieren. Nach bisherigen Beobachtungen schädigt *L. arboreum* z. B. *Sarcophyton-* und *Sinularia-*Arten bei direkter Berührung. Sie selbst wird vor allem von Scheibenanemonen und der Blasenkoralle *Plerogyra sinuosa* beeinträchtigt.

Gefüttert wird mit feinstem tierischen Ersatzplankton, das gut angenommen wird. Vor allem das gefriergetrocknete „Natur Mikro Plankton" sowie tiefgefrorene Bosmiden und frisch geschlüpfte Artemia-Nauplien sagen dieser Art zu. Eine kräftige Wasserbewegung ist für das Wohlbefinden und gutes Wachstum unerläßlich.

Bei der Fischbesetzung achte man auf nicht zu robuste und große Fische.

Bild 59: *Litophyton arboreum.* Foto: J. Birkholz

Bild 60: *Lithophyton arboreum,* abgetrennter Ast. Foto: P. Wilkens

Bild 61: *Nephthea spec.* Foto: P. Wilkens

Bild 62: *Lemnalia spec.* Foto: P. Wilkens

Nephthea spec., Bild 61

Die Familie der *Nephtheidae* bietet bei weitem nicht so viele aquariengeeignete Weichkorallen wie die *Alcyonidae.* Einige Arten, besonders aus der Gattung *Dendronephthya* sind zwar wegen ihrer Farbenpracht beliebt, doch erfordern gerade sie einen hohen Pflegeaufwand.

Nur selten einmal finden sich in den Importen aus dem Indo-Pazifik die im Bild vorgestellte *Nephthea*-Art mit ihrem für die Gattung typischen buschförmigen Polypenträger und dem polypenlosen Stamm. Wie *Litophyton arboreaum* enthält diese Weichkoralle symbiotische Algen in ihrem Gewebe und ist daher einfacher zu pflegen als jene Arten ohne pflanzliche Helfer. Alle *Nephtheiden* benötigen eine kräftige Wasserbewegung möglichst aus unterschiedlichen Richtungen. Die Arten mit Zooxanthellen fallen nachts meist völlig zusammen und öffnen sich erst wieder bei Beleuchtung. Nur selten einmal ziehen sie sich am Tage zusammen.

Gefüttert wird wieder mit feinstem Ersatzplankton, das man ein- bis zweimal pro Woche auch gezielt über dem voll geöffneten Polypenträger ins Wasser gibt. Trotz ihrer Algen müssen alle *Nephtheidae* mindestens einmal pro Tag gefüttert werden, sonst werden sie mit der Zeit immer kleiner, wenn auch nicht so schnell wie die Arten ohne Zooxanthellen.

Nephthea- und auch die folgenden *Lemnalia*-Arten und besonders die Angehörigen der Gattung *Dendronephthya* sollte nur der Fortgeschrittene pflegen.

Lemnalia spec., Bild 62

Die Vertreter aus der *Nephtheiden*-Gattung *Lemnalia* werden seit 4 Jahren häufiger importiert. Einige Exporteure haben ihre Sammler mit Tauchgeräten ausgerüstet, die eine gezielte Suche nach Wirbellosen ermöglicht. Zudem haben die Taucher gelernt, die Blumentiere aus Tiefen unter 8 m sorgfältiger mitsamt etwas Siedlungssubstrat einzusammeln.

Die im Bild vorgestellte *Lemnalia*-Art habe ich 1974 zum ersten Mal gesammelt und konnte sie 4 Jahre im Aquarium halten. Sie wurde allmählich kleiner als ich begann, immer mehr Scheibenanemonen der Gattung *Actinodiscus* ins Becken zu geben. Während sie von Krustenanemonen überhaupt nicht belästigt wurde, schienen ihr das Nesselgift oder andere Substanzen aus den *Actinodiscus* nicht zu bekommen. Spätere gezielte Versuche bewiesen, daß wohl die Mehrzahl der *Nephtheiden* unter Scheibenanemonen leiden, die in ihrem Lebensraum fast nie vorkommen. Über die Beeinträchtigung der einzelnen Blumentierarten untereinander wissen wir kaum etwas. Hier bleibt uns also nur Versuch und Irrtum. Wundern dürfen wir uns also nicht, wenn sich nicht alles verträgt, was wir in unserer Begeisterung im Riffbecken zusammenpflegen.

Wer sich für *Lemnalia*-Arten und andere *Nephtheidae* interessiert, muß darauf achten, nicht zu viele Scheibenanemonen oder auch Steinkorallen mit im Becken zu pflegen.

Die Bilder 63, 64 und 66 zeigen verschiedene *Lemnalia*-Arten, die hin und wieder aus Ostafrika (Bild 64, das sog. Kenya-Bäumchen *Lemnalia africana?*) und dem indo-australischen Raum, hauptsächlich Indonesien und Singapur, eingeführt werden.

Da sie mehrheitlich erst unter 5 m Wassertiefe, meist sogar erst ab 10 m vorkommen, vertragen sie HQI-Licht nur nach sehr vorsichtiger Anpassung. Um schon Primärschäden zu vermeiden, plaziere man diese Blumentiere immer in Bodennähe. Gut geeignet ist mittelgrober Korallenkies oder -bruch. Die Tierstöcke werden wegen der hohen Frachtkosten oft mit wenig Substrat verschickt. Dabei wird gleichzeitig vermieden, daß zuviel Gesteinsmaterial die zarten Blumentiere im Transportbeutel zerstört. In grobem, locker aufgeschichtetem Korallenbruch wachsen die *Lemnalia* sehr rasch fest und können später trotzdem im Aquarium umgestellt werden, wenn z. B. die Wasserbewegung nicht ausreicht. *Lemnalia*-Arten wie ihre Verwandten pflege man nicht mit großen Fischen oder Krebstieren zusammen. Schon Garnelen können sie stören. Wer die nicht gerade billigen Blumentiere im Riffbecken hält, sollte vor allem andere Filtrierer wie Riffmuscheln, Röhrenwürmer oder Seescheiden hinzusetzen. Alle drei im Bild vorgestellte Arten besitzen Zooxanthellen, so daß sie im großen und ganzen recht haltbar sind. Die in Bild 63 vorgestellte Art hat sich auch schon im Aquarium vermehrt. Dabei werden ganze Polypengruppen an den Zweigenden abgeschnürt, treiben im Wasser umher und setzen sich meist im Bodengrund fest. Wird stark, mindestens einmal pro Tag mit Ersatzplankton gefüttert, wachsen die „Minikolonien" erstaunlich rasch mit bis zu 20 mm pro Monat.

Gut lassen sich die *Lemnalia*-Arten mit *Sarcophyton-, Sinularia-, Lobophytum-* und *Cladiella*-Arten vergesellschaften. Nur berühren dürfen sich die Tierstöcke nicht. Bei den anderen Blumentieren muß man selbst beobachten, was sich miteinander verträgt. Typische Freßfeinde der *Lemnalia*-Arten sind wieder Nacktkiemer; als Kommensalen (Tischgenossen), die harmlos sind, finden sich manchmal Schlangensterne. Hin und wieder gibt es Eischnecken *Ovulidae,* die als echte Freßfeinde zu betrachten sind. Sie entdeckt man oft nur schwer, da sie mit ihren Mantellappen den Blumentierpolypen perfekt angepaßt sind.

Bild 65 zeigt eine erst seit ca. zwei Jahren aus Ostafrika eingeführte Weichkoralle unbekannter Art. Da sie selten sind, gibt es noch wenige Erfahrungen. Bei uns wuchs sie z. T. abenteuerlich schnell mit extrem langen Polypenästen, die ihr den Namen „Spaghetti-Koralle" eingetragen hat. Ähnlich den *Xenia*-Arten fielen aber auch schon Tierstöcke in zwei bis drei Tagen zu schleimigen Bruchstükken zusammen.

Bilder nächste Seite von oben links nach unten rechts
Bild 63, 64: *Lemnalia*-Weichkorallen. Foto: J. Birkholz
Bild 65: Unbekannte Weichkoralle. Foto: J. Birkholz
Bild 66: *Lemnalia spec.* Foto: P. Wilkens

Bild 67: Verschiedene *Dendronephthya*-Arten. Foto: P. Wilkens

Bild 68: *Dendronephthya rubeola.* Foto: P. Wilkens

Dendronephthya spec., verschiedene Arten, Bild 67
Die bunten Bäumchen-Weichkorallen der Gattung *Dendronephthya* werden seit mehr als 10 Jahren immer wieder einmal eingeführt. Viele Arten sind aus dem Indo-Pazifik und dem Roten Meer beschrieben worden. Alle finden sich in Tiefen meist unter 10 m oder in dämmerigen Höhleneingängen und unter Riffüberhängen.
Einige Arten halten sich im Aquarium recht gut, müssen aber reichlich gefüttert werden. Tierisches Plankton sollte möglichst zweimal pro Tag über den voll geöffneten Tierstöcken ausgebreitet werden. Lebenswichtig ist eine ständig kräftige, stundenweise sehr starke Wasserbewegung. Im Aquarium bringe man die Tiere entweder in speziellen Riffaquarien, die nur mit der Tierwelt des tieferen Wassers besetzt wird unter, oder pflege sie in weiträumigen Höhlen, wie das Bild zeigt.
Alle Arten fallen oft mehrmals am Tag zu unscheinbaren Gallerthaufen mit stachelig durchdringenden Skelettnadeln zusammen. Dieser Vorgang dient dem Wasser- und Stoffaustausch in der Kolonie.
Obwohl ich diese schönen Blumentiere früher auch mit Fischen und kleinen Krebstieren, Einsiedlern oder Garnelen z. B., zusammenhielt, sollte man sie besser in fischarmen oder -losen Aquarien halten. Ihre Überlebenschance ist dann wesentlich höher.
Eine perfekte Entschäumung sowie ein biologischer Denitrifikationsfilter sind für diese Blumentiere überlebenswichtig.

Dendronephthya rubeola Henderson, Bild 68
Während die Mehrzahl der *Dendronephtya*-Arten auf hartem Grund siedelt, lebt diese, manchmal von den Philippinen oder Indonesien importierte Art auf Sand und Siltböden. Sie verankert sich mit einem feinen „Wurzelwerk“, oft bis 10 cm langer Ausläufer im Bodengrund. Wegen ihres dicht mit Polypen besetzten Polypars ist *D. rubeola* einfacher zu ernähren als ihre Verwandten. Die Art ist daher in Spezialaquarien schon bis zu 4 Jahren gepflegt worden. Ich selbst konnte sie 3 Jahre am Leben erhalten, wobei die Kolonie etwa um ein Drittel kleiner wurde. Der Pflegeaufwand ist hoch. Der Bodengrund muß wegen der starken Fütterung einmal pro Woche aufgerührt werden, was aber keiner *Dendronephthya* schadet. Im Gegenteil, nach jedem Durchrühren öffnen sich die Tierstöcke besonders schön, fangen die Polypen doch aus den aufgewirbelten Feinsedimenten noch allerlei Freßbares heraus. Aus diesem Grund pflege ich diese Weichkorallen gern in dem Spezialbodengrund „Biofora“, da sich in ihm besonders viele Mikroorganismen entwickeln.
Wer Zeit und Geduld hat, sollte diese Weichkoralle zusammen mit anderen Filtrierern, wie Schwämmen, Röhrenwürmern und Muscheln (nicht Riffmuscheln) in einem wenig beleuchteten Aquarium pflegen. Hornkorallen und nicht riffbildende Steinkorallen der Gattung *Tubastraea* sind eine gute Ergänzung.

Dendronephthya (Roxasia) mirabilis Henderson, Bild 69

Diese reizvolle Weichkoralle wird seit etwa einem Jahr öfter aus Ostafrika, Sri Lanka und den Malediven eingeführt. Sie gehört zu den haltbareren ihrer Gattung, obwohl auch sie keine symbiotischen Algen besitzt. Die schneeweißen Polypen, die in dichten Gruppen sitzen, können gut gezielt ernährt werden, so daß dieses Blumentier schon bis zu 4 Jahren ohne kleiner zu werden, gepflegt wurde. Im Aquarium biete man ihr, wie bei den *Lemnalia*-Arten beschrieben, groben, gut durchflutbaren Korallenbruch, auf dem sie schon nach einer Woche festwächst.

Ich konnte bei dieser Art auch erstmalig für eine *Dendronephthya* die Entwicklung von Planula-Larven beobachten. Die Tierstöcke waren mit Sicherheit befruchtet eingeführt worden. Mit einer Lupe ließen sich nach 3monatiger Hälterung winzige eiförmige Kügelchen in den durchscheinenden Polypen entdecken, die dann eines Tages zu Hunderten ausgestoßen wurden. Aus einigen wenigen entwickelten sich Primärpolypen, die aber leider über das Anfangsstadium nicht hinauswuchsen.

Die Art wird wie ihre Verwandten bei geringer Beleuchtung und guter Wasserbewegung gepflegt.

Zwischen den buschigen Polypengruppen entdeckt man manchmal winzige Schlangensterne oder Knallkrebse *(Alpheus)* als Kommensalen. Auch Eischnecken, perfekt in Farbe und Mantellappen angepaßt, finden sich.

Dendronephthya spec. (aurea, Utinomi?), Bild 70

Die herrliche, gold- bis dottergelbe *Dendronephthya*-Art wird bisher nur von den Philippinen importiert. Sie wächst mit Vorliebe auf Grobgeröll und sollte auch im Aquarium so gepflegt werden, wie ihre vorbeschriebenen Verwandten. Allgemein kann gesagt werden, daß die meisten *Dendronephthya*-Arten bei weitem nicht so haltbar sind wie die Lederkorallen mit symbiotischen Algen, bei denen wir doch inzwischen Pflegezeiten von 5 bis 10 Jahren erreichen. Die bunten Weichkorallen kommen selbst in Spezialbecken allenfalls einmal auf 3 bis 4 Jahre. Für den Anfänger sind sie daher nicht geeignet. Es gibt jedoch inzwischen Meeresaquarianer, die das „Riffaquarium des tieferen Wassers" aufbauen möchten und vereinzelt auch schon erfolgreich sind. Dennoch glaube ich, daß uns in der Meeresaquaristik hier eine Grenze gesetzt wird. Die traumhaft schöne Meeresfauna von Riffabhängen und -höhlen mit ihrer schreiend bunten Pracht an sessilen Plantkonfressern von Schwämmen über Weich- und Hornkorallen, Kalkröhrenwürmer, Moostierchen und Seescheiden werden wir wohl nur kurzfristig im Becken verwirklichen können. Erfolge wie bei der Fauna des lichtdurchfluteten Wassers im oberen Riffbereich werden wir kaum erzielen. Hier sehe ich ähnliche Schwierigkeiten wie bei der Zucht der Meeresfische.

Bild 69: *Dendronephthya mirabilis.* Foto: P. Wilkens

Bild 70: *Dendronephthya spec., aurea?* Foto: P. Wilkens

Bild 71: *Euplexaura spec. erecta?* Foto: P. Wilkens

Bild 72: *Euplexaura spec.* Foto: P. Wilkens

Bild 73: *Euplexaura spec.* Foto: P. Wilkens

Ordnung Horn- oder Rindenkorallen *Gorgonacea*

Von den prächtigen Hornkorallen, die oft als Gorgonien bezeichnet werden, wollen wir nur einige wenige gut haltbare Formen vorstellen. Sie sind ja in unseren Aquarien bei weitem nicht so verbreitet wie die Lederkorallen, da ihre Pflegeansprüche in etwa denen der bunten Weichkorallen ähneln. Der Aquarianer, der sich mit diesen Blumentieren beschäftigen möchte, sollte ein Spezialaquarium wie für bunte Weichkorallen einrichten, also für gute Wasserbewegung, biologische Denitrifikationsfilter, geringe Beleuchtung (ein bis zwei Leuchtstoffröhren über der gesamten Beckenlänge reichen aus) und vor allem gute Entschäumung sorgen.

Im Aquarium dürfen auf keinen Fall Fadenalgen wachsen, denn sie sind für die meisten Hornkorallen früher oder später tödlich.

Hornkorallen zeichnen sich bekanntlich durch ein mehr oder weniger biegsames Achsenskelett aus, das aus hornigen oder kalkigen Skelettelementen, oder beiden zusammen, aufgebaut ist. Umgeben wird es von der lebenden, oft sehr bunten Rindenschicht (Coenenchym), in der die Polypen eingebettet liegen. Von den unendlich vielen Wuchsformen kommen für die Aquarienhaltung nur die in Frage, die möglichst wenig verzweigt sind. Alle sog. Seefächer sollte kein Aquarianer erwerben, sie werden heute auch kaum noch eingeführt.

Fast alle häufiger eingeführten Gorgonien gehören zur Familie der *Plexauridae,* die sich überwiegend durch wenig verzweigte, meist „dickarmige“ Tierstöcke auszeichnet. In ihr finden wir auch einige wenige Hornkorallen, die manchmal aus der Karibischen See eingeführt werden und, wie viele *Alcyonacea,* symbiotische Algen besitzen. Die meisten bunten Arten stammen jedoch nach wie vor aus dem Indo-Australischen Raum und werden vorwiegend von den Philippinen, aus Indonesien und Singapur importiert. Einige hübsche Arten stammen auch aus Sri Lanka.

Die in den Bildern 71, 72, 73 und 77 vorgestellten *Anthoplexaura-* und *Euplexaura-* Arten fand ich in der zentralen Javasee, der Str. von Malacca und an der Westküste Malaysias immer im Vorriff auf Hartgrund und sehr grobem Geröll, oft in Wassertiefen ab 5 m. Alle drei Vertreter lassen sich im Aquarium hervorragend pflegen. Sie „häuten“ sich ähnlich manchen Lederkorallen und stoßen so allen angelagerten Schmutz ab. Die Polypen sind voll geöffnet bis zu 5 mm groß und können sogar mit Wasserflöhen gefüttert werden. Ansonsten reiche man mindestens zweimal täglich tierisches Ersatzplankton aller Art. Gefüttert wird nur, wenn die Polypen voll geöffnet sind. Das erreicht man, wenn man den Bodengrund ein wenig aufwühlt. Die aufgewirbelten Feinsedimente regen diese Blumentiere, ähnlich wie im flachen Vorriff-Bereich an, ihre Polypen herauszustrecken.

Die hier vorgestellten drei Hornkorallen wurden im Aquarium bis zu 4 Jahren gepflegt, doch ist der Aufwand wie bei den bunten Weichkorallen groß. Die Tierstöcke wachsen nur dann, wenn sie regelmäßig gefüttert werden.

Die in Bild 74 vorgestellte prächtige Hornkoralle wurde mir vor 12 Jahren als eine *Mopsella*-Art bestimmt. Das war nicht korrekt, es handelt sich um einen Vertreter aus der Familie *Gorgonidae,* wahrscheinlich eine *Eugorgia*-Art.
Diese Gorgonie gehört für mich zu den haltbarsten aller bisher für die Aquaristik importierten Arten, konnte ich doch mehrere Exemplare bis zu 6 Jahren in einem Riffaquarium unter voller Beleuchtung, zuletzt 2 Jahre unter HQI-Licht halten. Leider ist die wunderschöne Hornkoralle sehr selten. In der Timorsee fand ich einige Exemplare, die in sehr stark bewegtem Wasser in einem Riffkanal auf der Riffplatte siedelten. Da wurde mir klar, warum sich diese Art so prächtig zwischen anderen sessilen Blumentieren im hellen Riffbecken hielt.
Die Polypen dieser Gorgonie sind ca. 5 mm groß und können daher sehr gut gefüttert werden. Sie verschlingen sogar Mysis, die ich einigen Polypen mit der Pinzette reichte. Dadurch wuchs der Tierstock an den Zweigenden bis zu 5 cm pro Jahr, und sogar verletzte Zweigteile wurden regeneriert. Natürlich wurde diese Kostbarkeit auch gezielt mit einem Futterrohr ernährt, wie alle hier vorgestellten Hornkorallen.
Bild 75 zeigt eine phantastisch rot gefärbte Art, die wahrscheinlich ebenfalls der Gattung *Eugorgia* zuzurechnen ist. Sie wird aus Sri Lanka und Indonesien manchmal importiert. Einzelne Exemplare fand ich an der „Piratenküste" Sumatras wieder in nur 5 m Wassertiefe im Vorriff. Das dortige sehr sedimentreiche Wasser scheint mir mit verantwortlich zu sein, daß sich die rote Gorgonie so gut im Aquarium etwa 3 bis 4 Jahre hält.
Hornkorallen pflegt man am sinnvollsten mit anderen Filtrierern, wie sie bei den bunten Weichkorallen vorgestellt wurden. Auf Fische sollte man verzichten, allenfalls sind Mandarinfische, Schläfergrundeln und Zwergbarsche geeignet. Garnelen belästigen die schönen Tierstöcke auch ständig, besonders bei der Fütterung. Als Restevertilger in Spezialaquarien mit der Tierwelt des tieferen Wassers sind Schlangensterne ideal und die harmlosen Kleinpartikelfresser unter den Seesternen, etwa rote *Fromia*-Arten oder die blaue *Linckia.* Wenn sich keine Fische im Aquarium befinden, können auch verschiedene Seegurken mitgepflegt werden. Sonst verzichte man lieber wegen der eventuellen Giftabgabe, die für Fische und Garnelen, nicht aber für Blumentiere tödlich ist, auf diese Stachelhäuter. Seeigel, mit Ausnahme der Lanzenseeigel *Cidariadae,* sind immer geeignet, doch werfen die kräftigeren Riffseeigel, z. B. *Echinometra*-Arten oft die Tierstöcke um, die nicht bestens in der Dekoration verankert sind. Glücklicherweise werden heute die meisten Gorgonien mit einem größeren Brocken Siedlungssubstrat importiert, so daß man sie besser befestigen kann als früher.
Die Hornkorallen, so reizvoll sie sind, sollte der Anfänger nicht pflegen. Diese Blumentiere erfordern doch einige Praxis in der Meeresaquaristik und viel biologisches Fingerspitzengefühl.
Seit etwa einem Jahr werden sehr selten noch Hornkorallen aus der Karibischen See eingeführt. Dort besetzen diese Blumentiere ja bekanntlich die ökologische

Bild 74: *Eugorgia spec.* Foto: P. Wilkens

Bild 75: *Eugorgia spec.* Foto: P. Wilkens

Bild 76: Hornkoralle mit Zooxanthellen aus der Karibik. Foto: P. Wilkens

Bild 77: *Anthoplexaura spec.* Foto: P. Wilkens

Nische, die im Indo-Pazifik mit seinen tropischen Randmeeren die Lederkorallen halten. In der Karibik gibt es viele Arten im flachen Wasser, die Zooxanthellen im Gewebe (Rindenschicht) besitzen. In ihrer ganzen Verhaltensweise ähneln sie dann erstaunlich den Lederkorallen. So öffnen sich ihre Polypen meist erst, wenn das Licht sie trifft, denn bei einigen, von mir untersuchten Stöcken fanden sich im Polypengewebe besonders viele symbiotische Algen. Auch eine Häutung kann man regelmäßig beobachten.
Wir wissen natürlich noch nicht viel über die Haltbarkeit dieser Tiere. Meine „ältesten“ Exemplare leben jetzt rund 2 Jahre bei bester Gesundheit mit einem Wachstum von 3 bis 4 cm pro Jahr an den Zweigenden.
Die in Bild 76 gezeigte, lavendelfarbene Gorgonie stammt von den Küsten Floridas. Sie gedeiht nach ersten Versuchen ganz prächtig mit Scheibenanemonen, Krustenanemonen und Lederkorallen aus dem Indo-Pazifik.
Sollten sich diese Blumentiere ähnlich gut pflegen lassen wie die Lederkorallen des flachen Wassers, wären sie mit ihrer dekorativen Wuchsform gewiß eine Bereicherung unserer Riffaquarien. Bisher wissen wir nur, daß diese Art kein HQI-Licht verträgt. Unter 3 bis 5 Leuchtstoffröhren, besonders wenn eine Thorn oder Philips blue mit eingesetzt wird, stehen die Tiere prächtig.
Bild 77 bietet uns nochmals eine prächtige Hornkoralle, wahrscheinlich eine *Anthoplexaura*-Art, deren aufstrebende Äste bei voll geöffneten Polypen bleistiftstark sind. Leider konnte ich dieses herrliche Blumentier nur sehr selten einmal von den Philippinen einführen. Die Art ist so zäh, daß ich sie 4 Jahre in einem Riffaquarium sogar mit einem gelben Segelseebader *Zebrasoma flavescens* und einem Flammenherzogfisch *Centropyge loriculus* halten konnte.
Die großen bis 4 mm hohen Polypen lassen sich mit allerlei tierischem Plankton sehr gut füttern, zumal sie außerordentlich dicht stehen. Wie alle hier aufgeführten Arten häutet sich auch diese Gorgonie regelmäßig ein- bis zweimal pro Woche. Um sie bei bestem Wohlbefinden zu halten, hatte ich den Strahl einer 2000-Turbelle im Abstand von 60 cm auf sie gerichtet, so daß der gesamte Tierstock in der stundenweise starken Strömung förmlich zitterte. Das über einen Power-Timer erzeugte rhythmische Ab- und Anschwellen der Strömung bekam diesem Tierstock ausgezeichnet. Dennoch möchte ich festhalten, daß auch so robuste Blumentiere besser in Aquarien ohne Fische gedeihen und daß der technische und zeitliche Aufwand hoch sind, will man diese Lebewesen sinnvoll pflegen. Alles in allem sind die hier gezeigten Hornkorallen jedoch länger in unseren Aquarien zu halten als z. B. die bunten Weichkorallen.
Auch bei den Hornkorallen gibt es Parasiten und vor allem verschiedene Kommensalen, über die Johannes Birkholz noch Näheres berichten wird.

Ordnung *Coenothecalia*
Familie Blaue Korallen *Helioporidae*
Blaue Koralle *Heliopora coerulea* De Blainville, Bild 78
Die Blaue Koralle *Heliopora coerulea* kennen die meisten Seewasseraquarianer nur als grau- bis hellblau gefärbten toten „Korallenstock" zu Dekorationszwekken. Am lebenden Tierstock sieht man diese blaue Farbe kaum einmal, höchstens an Bruchkanten.
Das Blumentier dürfte das einzige seiner Ordnung und Familie sein und lebt im Riffwatt und Vorriff indopazifischer Korallengebiete. Gezielt wurde die Blaue Koralle noch nie importiert, da sie äußerlich mit ihrem beige bis olivfarbenen Polypengewebe unscheinbar aussieht. Manchmal gibt es gut erhaltene Kolonien, zwischen denen *Actinodiscus*-Scheibenanemonen oder Krustenanemonen wachsen, die dann eingeführt werden.
Im Aquarium hält sich die Art ausgezeichnet, wenn man ihr die gleichen Umweltbedingungen wie den Lederkorallen mit symbiotischen Algen bietet. Wird mit „Kalkwasser" gearbeitet, bildet die Blaue Koralle auch erstaunlich gute neue Skelettstrukturen mit lebendem Polypengewebe aus. Die Polypen sitzen in haarfeinen Röhren und werden nur etwa 1 mm hoch herausgestreckt. Die 8 gefiederten Tentakeln kann man allerdings nur noch mit einer Lupe besser erkennen.
H. coerulea häutet sich wie einige *Sarcophyton*-Arten mit einer glänzenden Schicht, die dann auch wieder in Fetzen abgestoßen wird, wobei man manchmal helfen muß, weil das Material zäh anhaftet.
Als Flachwasserbewohner wächst die Koralle (nicht zu verwechseln mit echten Steinkorallen!) im Aquarium am besten unter HQI-Licht. Dann werden besonders schnell neue Noppen, Säulchen oder fingerförmige, aber auch, je nach Wasserbewegung, dicklappige Kolonieteile entwickelt.
Für ein Riffaquarium sind die vereinzelt im Handel erhältlichen Kolonien eine gute Bereicherung, vor allem auch wegen ihres den Steinkorallen ähnlichen Wuchses. Man muß aufpassen, daß sich kein Detritus ablagert und keine anderen Blumentiere zu nah heranwachsen.

Ordnung Seefedern *Pennatulacea*
Familie *Veretillidae*
Walzen-Seefeder *Cavernularia obesa* Valenciennes, Bild 79
Mit der in unseren Aquarien sehr wenig gepflegten Walzen-Seefeder wollen wir unsere Betrachtung aquaristisch geeigneter achtstrahliger Blumentiere abschließen. Die Art könnte in größeren Mengen aus Indonesien und Singapur eingeführt werden, ist aber wegen ihrer halbsessilen Lebensweise für Riffaquarien heutigen Stils ungeeignet. Die Tiere leben auf Fein- und Schlammsandböden eingegraben, wandern aber oft auch im Becken umher und können in der Wasserbewegung sogar „schwimmen".

Bild 78: *Heliopora coerulea.* Foto: J. Birkholz

Bild 79: *Cavernularia obesa.* Foto: P. Wilkens

Fische mit Blumentieren

Im zweiten Band der „Niedere Tiere im tropischen Seewasseraquarium“ habe ich ziemlich ausführlich Fischfamilien vorgestellt, die sich mit Niederen Tieren vergesellschaften lassen. Da das Angebot an Wirbellosen allgemein und an sessilen Blumentieren im besonderen noch viel umfangreicher geworden ist, müssen wir für unsere Riffaquarien die Fischgesellschaft noch gezielter auswählen.
Als Grundregel selbst für Aquarien über 500 l Inhalt gilt heute: Je weniger Fische, um so besser. Viele Aquarianer verzichten daher heute sogar auf Doktorfische *Acanthuridae* und Zwergkaiser bzw. Herzogfische der Gattung *Centropyge,* um ihren Blumentieren volle Entfaltung und keine Belästigung zu bieten. Vor allem die größeren Arten unter den Doktorfischen (Seebadern) richten doch manchmal Unheil an, weil sie an verschiedenen Blumentieren herumknabbern, sei es aus Neugier, sei es gefangenschaftsbedingt aus Langeweile. Gefressen werden die Blumentiere nämlich nicht. Das gilt im großen und ganzen auch für die Herzogfische.
Leider sind beide Fischgruppen recht anfällig gegenüber den bekannten Weißpünktchenkrankheiten *Oodinium ocellatum* und *Cryptocaryon irritans,* so daß schon aus diesem Grund viele Aquarianer auf ihre Pflege verzichten.
Am besten geeignet ist für mich immer noch der Gelbe Segelseebader *Zebrasoma flavescens* und sein graubrauner Verwandter *Z. scopas.* Von beiden Seebadern ist bisher noch nicht berichtet worden, daß sie Blumentiere angingen oder besonders krankheitsanfällig seien. Zu empfehlen sind die Riffbarsche der Gattung *Amphiprion,* die sog. Anemonenfische. Besonders der Clownfisch *Amphiprion ocellaris* ist wegen seiner geringen Größe seinen Verwandten vorzuziehen, auch wenn er etwas empfindlicher ist als andere Arten.
Die anderen Riffbarsche, *Abudefduf-, Pomacentrus-* und *Dascyllus-*Arten sind alle für Riffaquarien geeignet, doch werden sie von Fortgeschrittenen zu Recht wegen ihrer oft hohen Aggressivität verschmäht. Gelbschwanzdemoisellen *Abudefduf parasema* und Saphirbarsche *A. assimilis* gehören für mich aber immer noch zu den einfachsten und auch sehr schönen Riffbarschen, die dem Anfänger in Einzelhaltung oder paarweise zu empfehlen sind, vor allem auch, weil sie sich nie an Blumentieren vergreifen.
Das Gleiche gilt auch für die wunderschönen Zwergbarsche der Gattungen *Pseudochromis* im Indo-Pazifik und *Gramma* in der Karibik. Neben recht friedlichen Arten wie *P. fridmani,* gibt es zwar sehr scheue, aber eingewöhnt, äußerst rauflustige Vertreter. Man halte daher immer nur eine Art in Einzelstücken. Friedlich ist dagegen *Gamma loreto,* der Feenbarsch, der z. B. auch wunderschön in Aquarien mit Hornkorallen und bunten Weichkorallen zur Geltung kommt.

Prächtige Fische für jedes Riffaquarium sind alle freischwimmenden Grundeln der Gattungen *Nemateleotris, Ptereleotris* und *Pogonoculius.* Sie eignen sich besonders auch für Aquarien mit empfindlichsten Leder-, Weich- und Hornkorallen.

Auch Symbiose-Grundeln, meist aus der Gattung *Amblyeleotris,* sind für Riffbecken zu empfehlen, nur werden die prächtigen Fische zu selten gefangen und eingeführt. Die kleinen Korallengrundeln der Gattung *Gobiodon* sind ebenfalls völlig harmlos.

Keinerlei Schwierigkeiten machen Schleimfische der Gattung *Ecsenius* und die kleineren Arten der Säbelzahnschleimfische *Meiacanthus*, obwohl letztere wohl aus Langeweile manchmal Korallenpolypen, vor allem der *Xenia*-Arten, abbeißen.

Neben den Grundeln gehören für mich immer noch der Mandarinfisch *Synchiropus splendidus* und seine Verwandten zum festen Bestand im Blumentieraquarium. Einzeln oder paarweise gepflegt, sind die Tiere eine herrliche Ergänzung zu allen festsitzenden Blumentieren.

Von den Korallenwächtern oder Falkenbarschen *Cirrhitidae* eignen sich der spitzschnäuzige rot-weiß gemusterte *Oxycirrhites typus* und der wunderschön rot gefärbte *Neocirrhites armatus* am besten. Doch muß man bei beiden aufpassen, sie fressen kleine und schlanke Fische und Garnelen blitzschnell.

Sehr gute Partner im Riffbecken sind die kleinen Arten der Kardinalbarsche *Apogonidae,* die sehr hart und ausdauernd sind und die leider empfindlichen Fahnenbarsche *Anthiidae.*

Seepferdchen der Gattung *Hippocampus* und einige Riffseenadeln *Dunckerocampus* z. B. werden hin und wieder auch im Riffbecken gepflegt, wobei erstere aber oft am Nesselgift der Blumentiere leiden, da sie sich „ahnungslos" z. B. an Weichkorallen oder Hornkorallen anklammern. Das kann zu Lähmungen führen. Nach einiger Zeit können sich die Tiere nicht mehr festhalten, was lebenswichtig für sie ist, und verhundern dann allmählich. Seepferdchen gehören eigentlich nicht in unsere Aquarien mit Blumentieren.

Wir haben hier nur eine kleine Auswahl geeigneter Fische aufgeführt, es gibt noch einige andere Fischarten, die den Wirbellosen nicht gefährlich werden, doch müssen wir hier auf die entsprechende Literatur verweisen, vor allem auf Berichte in den Fachzeitschriften.

Fische sollten immer erst dann eingesetzt werden, wenn das Aquarium schon weitgehend mit den gewünschten Blumentieren besetzt ist. Solche Becken sind dann recht stabil, und wir können vermeiden, daß die Fische wegen schlechter aquaristischer Umweltbedingungen krank werden.

Die üblichen oben genannten Fischkrankheiten können nie im Wirbellosen-Aquarium behandelt werden! Wir dürfen also nur äußerlich gesunde und futterfeste Tiere erwerben. Nur sie bleiben im allgemeinen in unseren Riffbekken gesund.

Algenplagen und ihre Bekämpfung

Zu den größten Plagen in einem Riffaquarium mit festgewachsenen Blumentieren gehören leider verschiedene Mikroalgen, besonders die sog. Schmieralgen, bei denen es sich überwiegend um Spaltalgen aus dem umfangreichen Stamm der *Cyanophyta* handelt. Äußerst lästig können rote bis violette Arten meist aus den Gattungen *Spirulina* und *Oscillatoria* werden. Gerade bei diesen niederen Algen, die eng mit den Bakterien verwandt sind, handelt es sich nicht um sog. Schmutzwasser-Arten, wie viele Aquarianer vermuten, sondern oft um ausgesprochene Klarwasserformen.

Leider gibt es so unendlich viele Gründe für das Wachstum dieser „Algenfladen", daß ich hier nur einige Hauptpunkte anführen möchte. Wie schon erwähnt, wirkt sich die spektrale Verteilung des Lichtes in Quecksilberhochdruck-Dampflampen verheerend aus. Diese sollten daher in der Riffaquaristik allmählich verschwinden. Besonders die sog. Pflanzenstrahler, Quecksilberhochdruck-Dampflampen ohne Vorschaltgerät, sind nicht für Meerwasseraquarien mit Blumentieren geeignet.

Rote Schmieralgen gibt es oft, wenn der Entschäumer für die Beckengröße überdimensioniert ist. Man kann das sehr gut feststellen, wenn man das Gerät einige Tage abschaltet und beobachtet, daß die Schmieralgen verschwinden. Als weitere Ursachen sind eine schlechte Qualität des Leitungswassers (heute sehr oft der Fall, da zu hohe Phosphat- und Nitratwerte auszumessen sind), billige Meersalzmischungen und für das Seewasser ungeeignete Kunststoffe zu nennen. Wenig Probleme mit Schmieralgen aller Art gibt es, wenn man von Anfang an möglichst viel lebendes Riffgestein einsetzt, um das Aquarium biologisch einzufahren. Auch bei gut funktionierenden Denitrifikationsfiltern treten selten diese niederen Algen auf. Zur Bekämpfung hervorragend geeignet ist die grob gefiederte Blattalge *Caulerpa taxifolia*. Sie wächst unter fast jedem Licht, z. B. noch unter nur einer Leuchtstoffröhre, und kann daher gut in speziellen Algenkammern im Aquarium selbst kultiviert werden.

Chemische oder pharmazeutische Bekämpfungsmittel sollten erst eingesetzt werden, wenn die hier erwähnten Faktoren ausgeschaltet sind. Am besten eignet sich das Antibiotikum Chloramphenicol in einer Dosierung von 1 Gramm pro 100 Liter Aquarienwasser. Nach 3 Tagen gibt man nochmals ein halbes Gramm pro 100 Liter. Denitrifikationsfilter, die mit hochadsorptiver Kohle „Hydrocarbon" gefahren werden, sind während der Behandlung auszusetzen, sie sollten aber kurz geschlossen weiterlaufen, damit die Bakterienfauna nicht abstirbt. Kieselalgen oder Diatomeen, die bei jeder Neueinrichtung eines Aquariums etwa 14 Tage bis 3 Wochen lang als braune Beläge in Massen auftreten, können ebenfalls zur Last werden, wenn z. B. viel verdunstetes Wasser nachgefüllt werden muß. Das Wachstum der Kieselalgen hängt wesentlich vom Gehalt an Kie-

selsäure (SiO_2-Ionen) im Leitungswasser ab, der von Wohnort zu Wohnort sehr verschieden hoch sein kann, von wenigen ppm (mg/l) bis zu 40 ppm und mehr. Unter Umständen muß voll entsalztes Wasser dann benutzt werden, um verdunstetes aufzufüllen. In Extremfällen, z. B. bei auch zu hohen Nitrat- und Phosphatwerten, muß man ganz mit voll entsalztem Wasser arbeiten, sonst wird man der Algenplage nicht Herr.
Halogen-Metalldampflampen verstärken das Wachstum von Kieselalgen, dann ist die Qualität des Leitungswassers besonders wichtig.
Kieselalgen produzieren sehr viel Sauerstoff, den man während der Beleuchtung als Gasblasen auf den Algenbelägen sieht. Dies führt oft zu einer Sauerstoffübersättigung im Wasser, die allen Blumentieren schädlich ist! Solange Kieselalgen als sichtbare Beläge wachsen, besetze man das Becken auf keinen Fall mit Blumentieren! Es ist unsinnig, diese Algen mit Wasserstoffperoxid oder Ozon vernichten zu wollen, denn es gibt immer auch Arten, die bei den dann eingestellten hohen Oxidationsstufen des Wassers wachsen. Hier hilft nur, den Gehalt an gelöster Kieselsäure im Leitungswasser zu beachten. Unter 10 ppm gibt es wenig Probleme, bei höheren Werten oder sehr starker Verdunstung (mehr als 5 l pro Tag) ist, wie oben angegeben, zu verfahren.
Ein leider immer noch großes Übel in Riffaquarien sind grüne Fadenalgen meist aus den Gattungen *Derbesia* und *Bryopsis.* Oft wächst die eine oder andere aus diesen Gattungen, eine aber gedeiht immer, meist hängt das mit entsprechenden Oxidationsstufen des Wassers zusammen. Eine chemisch-physikalische Bekämpfung mit Ozon ist problematisch, da man sich meist auch die Tiere schädigt, weil viel zu hohe Ozonmengen benötigt werden. Ich empfehle immer noch wie seit bald 20 Jahren eine biologische Bekämpfung sowie mechanische Entfernung. Sobald die ersten Fadenalgen auftauchen, bürste ich sie rigoros mit einer mittelharten Zahnbürste, eventuell an einem Plastikrohr befestigt, ab. Die Blumentiere mit Ausnahme der Krustenanemonen stört das im allgemeinen nicht. Sind die Fadenalgen schon länger gewachsen, drehe ich sie auf einen dünnen aufgerauhten Holzstab auf, bevor ich die Reste abbürste.
Wichtig für mich ist, gerade bei der Neueinrichtung möglichst viel lebendes Riffgestein mit Kalkrotalgen zu verwenden, die sich heute auch gut vermehren lassen. Damit wird den Fadenalgen der Siedlungsgrund entzogen, auf den lebenden Kalkrotalgen wachsen sie nämlich nicht. Bewährt hat sich auch, mit der Calciumhydroxidlösung (Kalkwasser) vorsichtig einen pH-Wert von etwa 8,5 einzustellen. Dann gedeihen zum einen die Kalkrotalgen sehr viel besser, zum anderen werden die grünen Fadenalgen auf die Dauer geschädigt. Der leicht überhöhte pH-Wert schadet den meisten Blumentieren überhaupt nicht, manchmal werden *Xenia*-Arten beeinträchtigt, so daß man während der Bekämpfung der Grünalgen auf diese verzichten sollte.
Fadenalgen treten oft bei übertriebener Fütterung und natürlich wieder bei einem Leitungswasser mit hohen Nitrat- und Phosphatgehalten auf. Die Fütterung

ist einzuschränken, u. U. werden nur die Fische gefüttert, da sich die Blumentiere mit symbiotischen Algen monatelang über diese ernähren können. Ansonsten muß man auch wieder auf voll entsalztes Wasser zurückgreifen. Sog. Nitratfilter, die über Ionenaustauscher angeblich die Nitrate direkt aus dem Seewasser entfernen, taugen meinen Untersuchungen nach nichts. Im Becken selbst ist die biologische Denitrifikation der einzig sinnvolle Weg, den Gehalt an diesen Nährstoffen gering zu halten.
Fadenalgen vermehren sich auch sehr häufig explosionsartig, wenn künstlich Kohlendioxid, etwa über einen Diffusor, ins Becken gegeben wird. Das ist besonders dann der Fall, wenn eisenhaltige Dekorationsmaterialien, z. B. manche Lochsteine, die als Kalk-Kiesel-Konglomerate nicht selten Unmengen an Eisenhydroxid-Verbindungen enthalten, verwandt werden. Auch die manchmal übertriebene Düngung mit chelatisierten Eisenpräparaten, wie sie für die Süßwasseraquaristik entwickelt wurden, sind mit für heutige Massenentfaltungen grüner Fadenalgen verantwortlich. Düngepräparate, die für Süß- und Meerwasserbecken gleichermaßen geeignet sind, gelten für mich als biologischer Unsinn. Dazu sind die Verhältnisse im Meer nun einmal völlig anders als im Süßwasser. Leider lassen sich die Fadenalgen mit algenfressenden Fischen und Wirbellosen, wie ich früher empfohlen habe, nur unvollkommen bekämpfen. Das hängt, wie ich inzwischen herausfinden konnte, damit zusammen, daß die Grünalgen zu viel Nitrat im Zellsaft speichern und von den Tieren dann verschmäht werden. Meist ernähren sich zudem die Algenfresser von allen anderen schöneren Blattalgen, z. B. Rotalgen, lieber, als von Fadenalgen. Sehr sicher lassen sich die lästigen Fäden noch immer mit Blattalgen der Gattung *Caulerpa* einschränken und zurückdrängen. Wir lassen aber heute die raschwüchsigen Algen nicht mehr unkontrolliert in der Dekoration wachsen, sondern beschränken sie auf den Bodengrund oder, noch besser, auf Algenkammern, die z. B. die gesamte Rückseite des Bekkens einnehmen können. Algenkammern oder Algenfilter, wie ich sie schon vor mehr als 15 Jahren in meinem leider inzwischen vergriffenen ersten Band „Niedere Tiere im tropischen Seewasseraquarium" beschrieben habe, gehören für mich immer noch zu den erfolgreichsten Einrichtungen, um lästige Fadenalgen auszuschalten oder zumindest doch stark einzuschränken. Die grob gefiederte *Caulerpa taxifolia* ist für derartige Algenkammern wie schon erwähnt bestens geeignet.
Patentlösungen, um die unliebsamen Algen fernzuhalten, gibt es leider nicht, doch hat es noch jeder begeisterte Meeresaquarianer, der die herrlichen Blumentiere pflegen möchte, früher oder später fertig gebracht, sie zu beseitigen. Oft wird die Geduld auf eine harte Probe gestellt, aber ein Riffaquarium mit prächtigen Blumentieren gehört nun einmal zu den anspruchsvollsten Steckenpferden. Es muß ständig beobachtet und bestens gepflegt werden.
Im folgenden wird sich Johannes Birkholz mit einigen „Tischgenossen", Parasiten und Krankheitserscheinungen verschiedener Blumentier-Arten beschäfti-

gen, wobei natürlich die in diesem Buch vorgestellten achtstrahligen Korallentiere im Vordergrund stehen.
Johannes Birkholz hat sich sehr viel intensiver als ich um die Lebensäußerungen der Plagegeister gekümmert, wobei ihn die Kleinformen als begeisterter Mikroskopiker besonders interessieren. Ich habe seine Ausführungen ein wenig ergänzt, vor allem auch mit Beobachtungen im natürlichen Lebensraum der Organismen.
Einleitend möchten wir beide aus unserer langjährigen Erfahrung mit der Meeresaquaristik allgemein feststellen, daß wir zwar heute, bedingt durch die weitaus größere Verbreitung tropischer Wirbelloser, mehr Kommensalen und Parasiten beobachten als noch vor wenigen Jahren, daß aber Totalverluste, wie sie z. B. in Fischaquarien auftreten, selten sind.

Tischgenossen, Tarnungskünstler, Parasiten und Freßfeinde

Beschäftigen wir uns zunächst mit einigen Tischgenossen oder Kommensalen, die viele Aquarianer für Parasiten halten. Unter Kommensalen verstehen wir aber eine Art Mitbewohner, Tiere also, die nicht schädigen, sondern ihren Wirt zu irgendeinem Nutzen bewohnen, ohne ihm wiederum „etwas Gutes" zu tun. Derartige Lebewesen sind sozusagen die Vorstufe zur symbiotischen Lebensweise, bei der beide Partner einen Vorteil aus dem Zusammenleben ziehen. Zwischen Kommensalismus und Symbiose gibt es gerade im Meer viele fließende Übergänge, so daß man oft nicht sicher sagen kann, ist dies noch ein Kommensale oder schon ein Symbiont.
Bild 80 zeigt uns einen typischen Kommensalen, der vielen Aquarianern an Lederkorallen, meist der Gattungen *Sarcophyton, Sinularia* und *Lobophytum* aufgefallen ist. Es handelt sich um eine Rippenqualle aus der Gattung *Coeloplana,* die zumeist auf den Polypenträgern der Lederkorallen, seltener am Stamm lebt. Die eigentliche Qualle erkennt man nur, wenn die Polypen voll eingezogen sind. Als dünnes gallertiges Gebilde mit rundlich bis ovalen, manchmal ausgelapptem Umriß von ca. 10 mm Durchmesser läßt sich das Lebewesen erkennen, wenn man sehr genau beobachtet. Auffallend sind die nicht selten über 20 cm langen, dünnen Fäden mit kammartigen Seitenzweigen, die ins Wasser gestreckt werden. Wird die Qualle selbst belästigt, zieht sie Fortsätze erstaunlich rasch ein. Die Rippenqualle ernährt sich von den gleichen tierischen Planktonorganismen wie die Lederkoralle und benutzt letztere nur als erhöhten Standort. Sie gehört zu den sog. Leimrutenfängern, die es z. B. auch bei Wurmschnecken gibt. Die Rippenquallen sind harmlos, falls sie stören, kann man sie vorsichtig von einer geschlossenen Lederkoralle mit dem Finger entfernen.

Bild 80: Fangfäden einer kommensalischen Rippenqualle. Foto: J. Birkholz

Bild 81: Ein kommensalischer Pistolen- oder Knallkrebs. Foto: J. Birkholz

Bild 82: *Dromia alcyoportanda* mit einer Lederkoralle. Foto: J. Birkholz

Weitere manchmal sichtbare Kommensalen, besonders auf bunten Weichkorallen der Gattung *Dendronephthya,* aber auch auf großen *Sinularia-* oder *Cladiella-*Stöcken sind in der Färbung angepaßte Knallkrebse *Alpheidae.* Sie findet man auch auf Seefedern und auf und in vielen anderen sessilen Lebewesen des Riffs wie Schwämmen oder Steinkorallen. Die winzigen Garnelen sind harmlos und können auf ihren Wohnwirten belassen werden, denen sie einen winzigen Teil eingefangener Plantktonorganismen wegnehmen.
Bild 81 zeigt uns einen derartigen Knallkrebs, von dem einige Verwandte ja bekanntlich äußerst interessante Symbiosen mit Grundeln und anderen Fischen eingegangen sind.
In der Familie der Wollkrabben *Dromiidae,* die etwa 150 Arten umfaßt, gibt es viele Vertreter, die sich tarnen und dabei andere Lebewesen zu deren Schaden mit sich herumschleppen. Das oder die beiden letzten Beinpaare sind so umgestaltet, daß die Tarnobjekte auf dem Rückenpanzer festgehalten werden können (Bild 82).
Wie der Name schon besagt, sind alle *Dromia-*Arten stark behaart oder beborstet, so daß sie oft auch als Borstenkrabben bezeichnet werden. Die im Indo-Pazifik beheimatete Wollkrabbe *Dromia alcyoportanda* (Artname = die Lederko-

Bild 83: Die Borstenkrabbe *Pilumnus hirtellus*.l Foto: J. Birkholz

Bild 84: Auf Lederkorallen parasitieren diese Krabben. Foto: J. Birkholz

rallentragende) schleppt verschiedene Lederkorallen, nach unseren Erfahrungen meist *Sarcophyton-* und *Sinularia-*Arten mit sich herum. Je nach Größe der Krebstiere wird der polypentragende Teil, der Polypar, mit ein wenig Stamm säuberlich mit den Scheren abgetrennt. Dann wird eine Aushöhlung, die genau der Krümmung des Rückenpanzers entspricht, in die Lederkoralle geschabt und das Ganze mit dem letzten Schreitbeinpaar über dem Rückenschild befestigt. Die Verbindung ist erstaunlich fest, so daß es schwierig ist, die Krabbe von der Lederkoralle zu trennen. Da sich die Krabbe von Zeit zu Zeit häuten muß, wächst die *Alcyonarie* nicht fest. Nach der Häutung wird meist die schon präparierte Lederkoralle wieder benutzt, nicht selten aber auch eine neue zurechtgeschnitten. Die Krabben fressen oft einen Teil ihrer Tarnkoralle auf, doch kann man immer wieder beobachten, daß nur am Stamm, nicht aber am Polypar „herumgefingert" und geknabbert wird. Da die Krabbe sehr langsam im Becken herumwandert, ist die Lederkoralle oft voll geöffnet. Unter aquaristischen Verhältnissen wird sie aber bald einmal geschädigt, da der Krebs sie auch zwischen stärker nesselnden Blumentieren herumschleppt. In Ostafrika kann man besonders *Sarcophyton-*Arten immer wieder einmal mit dieser Wollkrabbe finden.
Diese seltsame Gepäckträger-Gemeinschaft ist ein interessantes Studienobjekt, das aber nur in großen Becken ohne Schädigung der Blumentiere beobachtet werden kann. Man kann der Wollkrabbe die Lederkoralle vom Panzer entfernen und wie bei der künstlichen Vermehrung aufbinden. So ist sie im allgemeinen zu retten.
Aus der Familie der *Xanthidae* gibt es ebenfalls Vertreter, die in Lederkorallen zu finden sind. Sie sind aber als regelrechte Freßfeinde zu betrachten, nagen und fressen sie doch den Stamm allmählich so auf, daß nur eine dünne äußere Hülle bestehen bleibt.
Die Borstenkrabbe *Pilumnus hirtellus* ist ein Vertreter der *Xanthidae* aus dem Mittelmeer (Bild 83), deren Verwandte auch in subtropisch-tropischen Meeren in sehr verschiedenen Arten vorkommen.
Borstenkrabben sind Allesfresser, die Lederkorallen, Steinkorallen, Krusten- und Scheibenanemonen, Seerosen, Röhrenwürmer, Weichtiere, Stachelhäuter, Seesterne und Seeigel anfressen.
Eingeschleppt werden sie häufig mit lebendem Gestein, aber auch größeren Lederkorallen-Kolonien, Steinen mit Krusten- und Scheibenanemonen, ja sogar mit den dicken Hüllen von Zylinderrosen.
Im Aquarium leben alle bisher unabsichtlich eingeschleppten Borstenkrabben sehr versteckt und scheu. Nur selten einmal verlassen sie ihre Schlupfwinkel und sind daher auch schwer herauszufangen. Am besten gelingt es noch mit reusenartigen Fallen, die man sich aus Plastik-Fliegendraht bastelt, ähnlich den Hummer- und anderen Krebstierreusen der Fischer. Man stellt sie in der Nähe der Schlupfwinkel der Borstenkrabbe auf und bestückt sie am besten mit Muschelfleisch. Manchmal gelingt es auch, die Krebse nach Abschalten der Beleuchtung

mit einem Brocken Muschelfleisch zu überlisten, den man in dünnes Strumpfgewebe einwickelt und an einer Angelschnur aufhängt und am Standort der Krabbe herabhängen läßt. Die Krabbe verhakt sich dann mit den Beinen im Strumpfgewebe und kann herausgezogen werden. Man muß allerdings blitzschnell reagieren, denn die Krebse sind sehr schnell.

Kennt man den oft sehr treu gehaltenen Standort, kann man auch versuchen, den Krebs mit einem scharfen, spitzen Gegenstand zu töten. Das mag grausam klingen, doch muß das Tier entfernt werden, will man nicht ständig mit Verlusten rechnen. Notfalls muß man auch den Teil der Dekoration, in dem sich die Borstenkrabbe regelmäßig aufhält, entfernen.

Bild 84 zeigt uns eine parasitierende Krabbe, wahrscheinlich ebenfalls aus der Familie der *Xanthidae,* die überwiegend auf Weichkorallen der Familie *Xeniidae* lebt und sich von deren Gewebe ernährt. Die 6 mm (Männchen bis ca. 8 mm (Weibchen) großen Kruster finden sich oft paarweise auf den *Xenia-* und *Anthelia-*Arten, lassen sich aber auch auf *Sinularia-*Arten beobachten.

Die Krabben sind ihren „Ernährern" perfekt angepaßt, opak weißlich bis leicht gelblich mit bräunlichen Punkten, die ein wenig die Lederkorallenpolypen andeuten. Die Krebse fressen sich förmlich in den Stamm, seltener den Polypar der Leder- und Weichkorallen hinein und höhlen diesen allmählich aus. Während die *Xeniiden* meist nicht zu retten sind, regenerieren *Sinularia-*Arten z. B. recht gut, wenn man die Kruster entfernt hat. Man muß frisch erworbene *Xenia-* oder *Antheilia-*Arten sehr aufmerksam beobachten, die Polypen mit dem Finger abtasten oder auch vorsichtig mit einem Spatel aus Holz oder Kunststoff auseinanderbiegen. Die Krebse sind nicht einfach zu erwischen, da sie sehr beweglich sind. Zudem klammern sie sich fest, so daß man schnell einmal eine *Xenia* einreißt. Sie müssen aber unbedingt entfernt werden, selbst wenn der *Xenia-*Stock geschädigt oder gar zerstört wird. Sie wandern nämlich zur nächsten Kolonie, wenn ihnen die angefressene nicht mehr genug Sichtschutz bietet. Die „Xenia-Krabbe", wie sie inzwischen genannt wird, kann leicht mit ähnlich gezeichneten und gefärbten Kleinkrabben aus der Gattung *Trapezia* verwechselt werden, die jedoch völlig harmlos meist auf Steinkorallen leben. *Xenia-*Krabben wurden in den letzten Jahren häufiger in den Sendungen aus Ostafrika gefunden. In manchen Gebieten Kenyas und Tansanias traten sie in den Jahren 1983 bis 1985 so häufig auf, daß fast in jedem Import solche Krabben zu finden waren. Sogar eiertragende Weibchen wurden eingeschleppt, so daß wir eine Vermehrung im Aquarium befürchteten, da eine direkte Entwicklung ohne pelagische (frei schwimmende) Larvenstadien nicht auszuschließen war. Das scheint aber bisher nicht der Fall zu sein, denn alle von uns beobachteten Weibchen trugen zwar noch das erste Larvenstadium unter dem Abdomen, gaben jedoch keine voll entwickelten „Krabbenkinder" ab. Allerdings wissen wir immer noch nicht, ob die Entwicklung tatsächlich über Planktonlarven erfolgt oder die frühen Ent-

Bild 85: In den Stamm von Lederkorallen frißt sich *Rapa rapa.* Foto: J. Birkholz

Bild 86: *Volva brevirostris,* eine Eischnecke lebt von Hornkorallen. Foto: J. Birkholz

wicklungsstadien nur wegen irgendeiner Belästigung abgestoßen wurden. Hier gilt es also aufzupassen.

Ähnlich schlimme Freßfeinde wie die hier vorgestellten Krabben sind verschiedene Gehäuseschnecken, die unter dem Namen „Korallenschnecken" *Coralliophilidae* zusammengefaßt werden.

In Bild 85 soll eine der häufigsten Arten *Rapa rapa,* die schon Linné bekannt war, vorgestellt werden. Das Gehäuse der Weichtiere ist zwiebelförmig mit flacher Spitze und umfaßt ca. 20 spiralige Lamellen, die parallel zum Umgang verlaufen. Die Schnecken können 50 bis 90 mm groß werden. Ihre Grundfarbe ist opak weiß bis gelblich-cremig.

Rapa rapa ist eine Raubschnecke, die weit verbreitet in flachen Riffzonen des subtropisch tropischen Indo-Pazifik lebt, verwandte Arten wurden im Mittel- und Schwarzen Meer nachgewiesen. Die Weichtiere sitzen immer an der Basis ihrer „Futterquellen", z. B. großen Lederkorallen der Gattungen *Sarcophyton, Sinularia-* und *Lobophytum,* gelegentlich auch anderer Arten. Leider können wir sie oft nicht erkennen, da sie sich völlig in den Stamm ein- und diesen dann hohlfressen.

Beim Kauf von Lederkorallen achte man besonders auf die Grenze zwischen Blumentierstamm und Substrat. Dort sollten sich nie irgendwelche Schnecken aufhalten. Der Stamm sollte auch fest dem Substrat aufsitzen und nicht an einer Stelle locker sein. Dennoch ist es nie ausgeschlossen, daß man z. B. eine *Sarcophyton* oder *Sinularia* mit einem derartigen Freßfeind erwirbt, da die Lederkoralle ihre Zerstörer oft vollkommen wieder umwachsen hat. Es scheint im Riff auch so zu sein, daß die Blumentiere bei nicht zu starkem Befall (1 bis 2 Schnekken) den durch Fraß bedingten Gewebeverlust kompensieren können, was im Aquarium nicht der Fall sein dürfte. Oft stellen wir erst nach Monaten fest, wenn sich z. B. eine Pilzlederkoralle nicht mehr voll öffnet, daß der Stamm praktisch hohlgefressen worden ist. *Rapa rapa* ist wohl auf Lederkorallen spezialisiert, doch gibt es verwandte Arten, die auf und an weiteren Blumentieren schmarotzen, wobei die Wirtstiere ihre Quälgeister oft mit Gewebe einschließen. Merkwürdigerweise stammen viele beeinträchtigte Lederkorallen aus Ostafrika. Das hohe Nahrungsangebot aus Hotelabwässern in den oft zerstörten Riffen bedingt eine Massenvermehrung von Lederkorallen und diesen Schnecken.

Sehr unliebsame Erfahrungen machen wir manchmal auch mit Eischnecken *Ovulidae,* von denen die meisten aber glücklicherweise artspezifische Freßfeinde bestimmter Blumentiergruppen oder sogar einzelner Arten sind. Ein bekanntes Beispiel ist die Flamingozunge *Cyphoma gibbosum,* die wegen ihrer dekorativen Färbung früher oft in Unmengen aus der Karibik eingeführt wurde. Sie lebt und ernährt sich ausschließlich von Hornkorallen. Ebenfalls auf diesen Blumentieren, wahrscheinlich nur bestimmten Arten, findet sich *Volva brevirostris.*

Wie auf Bild 86 zu sehen, ist diese spindelförmige Gehäuseschnecke mit ihrem den Porzellanschnecken *Cypraeidae* ähnlichen Mantellappen der Hornkoralle

Bild 87: Eine Eischnecke lebt in *Dendronephthya*-Weichkorallen. Foto: J. Birkholz

sehr gut angepaßt. *Volva brevirostris* zeigt sich in verschiedenen Rottönen und lebt nur auf rotgefärbten Gorgonien.

Entdeckt man eine derartige Schnecke auf einer Hornkoralle, ist sie sofort zu entfernen, da sie sich vom lebenden Gewebe, der sog. Rindenschicht, ernährt. Die Anhänge auf den Mantellappen, die wir auch von Porzellanschnecken her kennen, dienen sowohl der Atmung als auch der zusätzlichen Anpassung der Schnecken an ihren Wirt.

Eine weitere Eischnecke in Bild 87, wahrscheinlich eine *Prionovolva*-Art, entdeckt man ab und zu auf bunten Weichkorallen meist der Gattung *Dendronephthya.* Die Weichtiere sind noch faszinierender an ihr Freßopfer angepaßt, sehen doch Mantellappen samt Anhängen wie Polypengewebe mit durchscheinenden Skelettelementen aus. Da immer wieder Fraßstellen an den Weichkorallen zu beobachten sind, müssen wir auch diese Eischnecke als echten Parasiten auffassen und können ihn nicht als sog. Raumschmarotzer ansehen, der sich lediglich von Plankton ernährt, das die Weichkoralle eingefangen hat. Die bunten Schnecken sind schwieriger zu erkennen, da sie meist nur um 10 mm groß sind und wirklich perfekt getarnt zwischen den Zweigen der Blumentiere leben. Natürlich sind sie zu entfernen.

Bild 88: Dieser Nacktkiemer parasitiert auf *Xeniiden.* Foto: J. Birkholz

Mit der verstärkten Einfuhr gerade der beliebten Lederkorallen werden auch immer wieder verschiedene Nacktkiemerschnecken zu einer regelrechten Plage. Dies vor allem, da bei verschiedenen Arten eine direkte Entwicklung vom befruchteten Ei zur voll ausgebildeten „Minischnecke“ möglich ist.

Hin und wieder beobachten wir besonders auf den bunt fluoreszierenden Weichkorallen der Familie *Xeniidae,* etwa *Cespitularia-* und *Anthelia-*Arten gleich gefärbte Nacktkiemer, die auch wieder unglaublich perfekt angepaßt sind. Bild 88 zeigt uns so einen Plagegeist mit seinen Anhängen, die *Xeniiden-*Polypen täuschend ähnlich nachahmen. Diese Mimikry der Schnecke macht es nicht einfach, sie zu entdecken. Bei geringster Belästigung oder in Ruhe, also tagsüber, versteift sich der Nacktkiemer und liegt einem Weichkorallenast in Längsrichtung an.

Erkennen kann man sie eigentlich erst nach Abschalten der Beleuchtung, wenn man mit einer Taschenlampe frisch erworbene *Xeniiden-*Stöcke anstrahlt. Da die Weichtiere sehr schleimig sind, lese man sie mit einer Hakenpinzette ab, um zu verhindern, daß sie entgleiten. Dieser Nacktkiemer ist trotz seines hübschen Aussehens unbedingt zu entfernen. Er mag im Riff nur an bestimmten *Anthelia-* oder *Cespitularia-*Arten schmarotzen, im Aquarium wandert er auch auf Arten, deren Erscheinungsbild sich nicht unbedingt mit seiner eigenen Form deckt. Eine Vermehrung dieser Nacktkiemerschnecke konnte im Aquarium bisher noch nicht beobachtet werden, auch ist sie nicht sehr häufig anzutreffen, da die meisten Tiere ihren Wirt verlassen, wenn er gesammelt und transportiert wird. Bekannt ist uns diese Schnecke nur aus Ostafrika, doch ist nicht auszuschließen, daß sie, wie vor allem verwandte Arten, nicht auch mit Importen aus anderen Gebieten eingeschleppt werden können. Grundsätzlich sind alle Blumentierkolonien zu kontrollieren, denn selbst der verantwortungsbewußteste Exporteur, Importeur oder Zoofachhändler kann nicht ausschließen, daß Parasiten aller Art schließlich bis zum Aquarianer gelangen. Vor allem ist es wichtig, immer wieder nachts das Aquarium mit einer Taschenlampe zu durchleuchten, denn die meisten Quälgeister sind nun einmal nachtaktiv.

Eine weitere ab und zu eingeschleppte Nacktkiemerschnecke ist in Bild 89 dargestellt. Wir fanden sie bisher ausschließlich auf Röhrenkorallen aus Indonesien und Singapur. Die bis 10 mm langen Tiere sind glatt und nur mit zwei nicht gefiederten Kopfläppchen versehen. Die Grundfarbe ist weißlich, ein wenig durchscheinend mit mehr oder minder großen bräunlichen, länglichen Flecken, die das Tier zwischen den Polypen der Röhrenkorallen optisch auflösen. Die Schnecken sind schwer zu entdecken, da sie tagsüber grundsätzlich im Stolonengeflecht verborgen sind. Erst in der Dunkelheit kriechen sie hervor, um neue Futterplätze aufzusuchen. Frisch erworbene Röhrenkorallen plaziere man anfangs im Aquarium so gegen die Sichtscheibe, daß man sie mit einer Lupe immer wieder einmal nach Parasiten absuchen kann.

Empfehlenswert ist es, frisch erworbene Röhrenkorallen nach der Anpassung im Gefäß kräftig durchzuspülen. Ein Großteil eventueller Parasiten kann so herausgebracht werden. Das Wasser gießt man danach selbstverständlich fort.

Diese Nacktkiemer müssen unbedingt entfernt werden. Eine Vermehrung aus Eiern, die schon an den importierten Tierstöcken oft in großer Zahl, 150 und mehr, zu finden sind, scheint mit einiger Sicherheit möglich. Ob sich die Schnekken im Aquarium selbst auch befruchten und fortpflanzen, wissen wir nicht, können es aber nicht ausschließen.

Ins Aquarium eingebrachte Stöcke sauge man bei Verdacht auf parasitierende Schnecken und andere Freßfeinde immer wieder einmal mit einem dünnen Röhrchen, das an einem Schlauch befestigt wird, ab.

Eine Plage besonderer Art sind die oft schneeweißen Nacktkiemer mit fein gefiederten Tentakelbäumchen an den Seitenrändern, bei denen es sich um *Dendronotus*-Arten handelt. Bild 90 bietet uns so einen dekorativen Freßfeind vieler Blumentiere.

Diese Weichtiere fressen je nach Art die unterschiedlichsten Leder- und Weichkorallen. Manche leben artspezifisch z. B. auf *Sinularia*- oder sehr oft *Cladiella*-Arten und vergreifen sich nicht an *Sarcophyton*-Lederkorallen. Andere fressen unterschiedslos alles an Blumentieren an, was ihnen begegnet. Alle gefieder-

Bild 89: Auf Röhrenkorallen parasitiert diese Nacktkiemerschnecke. Foto: J. Birkholz

Bild 90: Üble Schmarotzer sind die gefiederten Nacktschnecken. Foto: J. Birkholz

ten Weich- oder Nacktkiemerschnecken sind unterschiedlos aus den Becken zu entfernen. Zudem wissen wir heute, daß sich viele dieser „Gefiederten“ im Aquarium vermehren, ja daß es manchmal sogar zu ausgesprochenen Massenentfaltungen kommen kann. Aus den Gelegen schlüpfen die Schnecken direkt ohne Larvenstadien und fangen sofort an, sich an Blumentieren gütlich zu tun. Sie wachsen schnell zu ihrer endgültigen Größe, die bei den bisher beobachteten Tieren um 2 cm liegt. Tagsüber verbergen sie sich an der Grenze zwischen Blumentierkolonie und Substrat, oft auch in Höhlen und Ritzen des letzteren. Man suche also alle erworbenen Tierstöcke aufmerksam ab und beobachte sie auch im Aquarium nach Abschalten der Beleuchtung über einen längeren Zeitraum. Hier hilft ebenfalls eine Hakenpinzette, um die schleimig-glitschigen Weichtiere sicher zu erfassen.

Im Entwicklungszyklus der Schnecken scheint die Fortpflanzung in unsere Frühlings- und Sommermonate zu fallen. Herbst- und Winterimporte weisen im allgemeinen viel seltener diese gefiederten Weichschnecken auf. Auch am natürlichen Standort kann man die Nacktkiemer viel häufiger in den Monaten April bis September finden als in den anderen.

Beobachtet man im Aquarium flache Fraßspuren an einer Leder- oder Weichkoralle, kann man mit einiger Sicherheit auf die gefiederten Weichschnecken schließen. Nach einer statistischen Auswertung und riffökologischen Untersuchung kommt eine auf verschiedenen *Sinularia*-Arten, z. B. *S. brassica, S. polydactyla* und *S. macropodia* parasitierende Nacktkiemerschnecke am häufigsten zu uns. Gefährdet sind an zweiter Stelle *Cladiella*- und *Litophyton*-Arten, an dritter Stelle *Xeniiden.* Alles in allem kommt auf rund 15 frisch importierte Stöcke eine Kolonie mit parasitierenden „Fiederschnecken“.

Wir können hier natürlich nur eine sehr kleine Auswahl schmarotzender Nacktkiemerschnecken bieten. Es gibt vermutlich keine Blumentiergruppe, die unter diesen Freßfeinden nicht zu leiden hat. Insgesamt ist aber die Gefahr, sich solche Plagegeister einzuschleppen und dabei dann viele Tiere zu verlieren, recht gering. Scharf beobachten muß man jedoch immer und darf die oft wunderschön gezeichneten Weichtiere nicht unterschätzen. Aus Riffuntersuchungen der letzten 6 Jahre scheint sich herauszuschälen, daß besonders Lederkorallen aus hoch verunreinigten Gebieten Parasiten aufweisen. Dies mag damit zusammenhängen, daß sich in derartigen Zonen höheren Nährstoffangebotes verschiedene Lederkorallen auch extrem gut und rasch vermehren. Mit anderen Worten, riffökologische Ungleichgewichte führen immer wieder zu einer ungewöhnlichen Vermehrung bestimmter Schmarotzer.

Neben den verschiedenen Schneckenarten stellen die Borstenwürmer *Polychaeta* einen Großteil schmarotzender Aquarienbewohner, die ungewollt eingeschleppt werden. Die Vielborster, so ihr wissenschaftlicher Name, sind meist nicht auf bestimmte Blumentiere oder andere Wirbellose spezialisiert, sondern fressen recht wahllos sessile oder langsam bewegliche Wirbellose an. Dabei sind die Formen, die nur im Bodengrund anzutreffen sind, mehrheitlich weniger gefährlich als jene, die mit lebendem Gestein, Algensteinen oder Blumentier-Substraten eingeschleppt werden. Viele bodengebundene Vielborster besitzen zudem ihrerseits Freßfeinde, wie manche Lippfische, Krabben oder größere Einsiedlerkrebse.

Gefährlich sind vor allem vereinzelt auftretende große *Nereis*- und *Eunice*-Arten, die auch im Aquarium im Laufe der Jahre auf 15 bis 25 cm (Nereis) oder 40 bis 50 cm (Eunice) heranwachsen. Beide großen Borstenwürmer vergreifen sich an allem, was im Aquarium lebt, überfallen sogar Fische in ihren nächtlichen Schlafplätzen und müssen daher unbedingt entfernt werden. Doch dies ist leichter gesagt als getan. Die großen Borstenwürmer sind außerordentlich „schlau" und sehr scheu. Sie kommen grundsätzlich nur nachts heraus, um auf Beutesuche zu gehen. Bevor Blumentiere an- und aufgefressen werden, nehmen die Würmer erfahrungsgemäß erst andere festsitzende Niedere Tiere, wie ihre verwandten Fächer- und Röhrenwürmer, Muscheln und Manteltiere „aufs Korn". Auch scheinen sessile Blumentiere erst angefressen zu werden, wenn sie schon von anderen Freßfeinden vorgeschädigt worden sind.

Die Bekämpfung der großen Arten ist nicht einfach. Am besten gelingt es mit Kastenfallen aus Plexiglas, die man mit einer Falltür versieht. Diese sollte sehr leicht in ihrer Doppelschiene laufen, so daß man sie zum Öffnen ein wenig verkanten kann. Mit einer Angelschnur am oberen Rand wird sie hochgezogen und leicht verkantet. In die Falle gibt man nach Abschalten der Beleuchtung einen etwa walnußgroßen Brocken Muschelfleisch und muß nun geduldig warten, bis der Borstenwurm, von den Duftstoffen angeregt, die Falle aufsucht. Mit einer leichten Bewegung der Angelschnur läßt man die Falltür herab und erwischt mit etwas Glück den gefräßigen Räuber. Im Aquarium sollte man einige Tage lang nicht füttern, vor allem kein feines Ersatzplankton reichen, damit das Muschelfleisch den dann hungrigen Fresser besser reizt und etwas unvorsichtiger macht. *Nereis*- und *Eunice*-Arten wie auch der sehr gefräßige Feuerwurm *Hermodice carunculata* in Bild 91, der sehr bunt mit irisierenden Borsten ist, dürfen nicht mit ungeschützter Hand ergriffen werden. Besonders der letzte brennt höllisch, wenn unzählige glasharte Borsten in die Haut eindringen. Alle großen Borstenwürmer können auch kräftig zubeißen.

Beim Fang achte man darauf, sie nicht durchzutrennen, denn bei vielen Arten wachsen aus Teilstücken neue Borstenwürmer heran.

Zum Glück werden die großen Borstenwürmer selten eingeschleppt. Lebendes Gestein wird in tropischen Gebieten über Stunden trocken oder nur mäßig angefeuchtet in Kähnen transportiert. Die Meereswürmer kriechen dann meist heraus und sammeln sich neben Krabben, Schnecken, Schlangensternen u. a. in Pfützen auf dem Kahnboden. Die Sammler entfernen heute meist die größeren Krabben und Würmer, die sie als Fischköder benutzen. Interessante andere Wirbellose werden eingesammelt und in Transportbeutel mit Wasser gegeben.

Bild 91: *Hermodice carunculata* ist ein gefährlicher Freßfeind. Foto: J. Birkholz

Viel öfter werden die hier genannten Vielborster mit lebendem Gestein aus dem Mittelmeer, wenn es unter Wasser transportiert wird, eingeschleppt. Wer sich selbst lebende Steine mitbringt, verfahre wie die einheimischen Sammler, lasse also die Steine in flachen Schüsseln mit ein wenig Meerwasser am Boden liegen, um mit dieser sog. Klimaverschlechterung unliebsame Wirbellose aus dem Gestein zu entfernen.

Viele Borstenwürmer vermehren sich geschlechtlich und ungeschlechtlich in unseren Aquarien. Das oft viel zu hohe Futterangebot in Riffaquarien mit Blumentieren führt regelmäßig zu Massenentwicklungen mancher, meist kleiner Arten. Zur Verminderung hilft hier die Methode, Muschelfleisch in Strumpfgewebe einzuwickeln und am Abend mit einer Nylonschnur ins Becken zu hängen. Die Vielborster, soweit es sich nicht um die hier genannten „schlauen“ Arten handelt, sammeln sich am Gewebe und können an der Schnur herausgezogen werden. Dabei hält man zur Vorsicht noch ein feines Netz unter das Muschelfleisch. Wiederholt man diesen Prozeß regelmäßig, hält sich die Zahl der Meereswürmer in Grenzen.

Freßfeinde der großen Würmer gibt es im Aquarium so gut wie nie. Große Krabben, die ihnen in der Natur gefährlich werden, pflegen wir nicht.

Bild 92: Ein winziger Borstenwurm als Parasit auf Lederkorallen. Foto: J. Birkholz

Fische verschmähen mit wenigen Ausnahmen die vielborstige Gesellschaft und wenn nicht, sind sie für unsere Riffbecken nicht geeignet, wie z. B. die Schmetterlingsfische oder die großen Lippfische.
Kleine Borstenwürmer, vor allem, wenn sie wenig beborstet sind, werden von den kleinen glatten Steinkrabben-Arten der Familie *Xanthidae* gefressen, die oft ebenfalls ungewollt mit eingeschleppt werden, und die überwiegend harmlos gegenüber Blumentieren sind.
Wichtig ist, den Bodengrund von Zeit zu Zeit kräftig durchzuführen und ein feines Netz wie ein Wasserflohfänger durch das Aquarium zu ziehen. Der mit Watte gefüllte Topf des Schnellfilters ist nach der Prozedur zu reinigen, wobei man das Filtermaterial fortwerfen sollte, denn beim Auswaschen wird man nur zu oft mit den unliebsamen Borstenwürmern bekanntgemacht.
Neben den „Gelegenheitsfressern" unter den Vielborstern gibt es auch z. T. artspezifische Freßfeinde. Bild 92 zeigt uns so einen nur 2 bis 3 mm großen Polychaeten, der auf Lederkorallen parasitiert. Die Würmer fressen, meist an den Rändern der Tierstöcke, charakteristische Spuren in das Gewebe. Am Ende so einer Fraßspur sitzt der Wurm in einem unregelmäßigen Ballen aus Kot, Detritus und Zooxanthellen. Achtet man nicht darauf, wird die Fraßstelle mit der Zeit

immer größer und es sammeln sich auch Skelettelemente an. Oft ist der Vielborster schon in die Tiefe des Gewebes gewandert, und das befallene Blumentier kann dann nicht mehr gerettet werden. Da die Tiere frei nicht sichtbar sind, nimmt man befallene Stöcke am besten aus dem Becken heraus und schneidet die Fraßspuren mit einer Rasierklinge oder einem sehr scharfen Skalpell großzügig heraus. So können die meisten Lederkorallen gerettet werden, da das verlorengegangene Gewebe schnell regeneriert wird. Entdeckt man jedoch schon tiefere Löcher, werfe man den Tierstock besser weg, bevor der Wurm sich vermehren kann. Bei einigen Lederkorallen kann man auch gesunde Kolonieteile abschneiden und neue Tierstöcke heranziehen.

Die Würmer sind nicht sehr häufig, doch treten sie immer wieder einmal auf, wobei wir nicht wissen, ob sie sich im Aquarium geschlechtlich vermehren und zu einem Massenbefall ausbreiten.

Sehr viel Ärger bis zu Totalverlusten gibt es seit wenigen Jahren, beginnend wohl 1979, mit verschiedenen Plattwürmern Plathelminthes aus der Ordnung *Planaria,* die im deutschen Sprachgebrauch auch als Planarien oder (im Süßwasseraquarium) als Scheibenwürmer bezeichnet werden. Die in Bild 93 dargestellte Planarie, die sich sehr stark vermehren kann, lebt parasitisch auf allerlei Blumentieren. Sehr gefährdet sind Scheibenanemonen, großpolypige Steinkorallen wie die Blasenkoralle *Plerogyra sinuosa, Euphyllia-*Arten und manche Weichkorallen *Cladiella-* und *Litophyton-*Arten. Die *Sarcophyton-, Sinularia-, Lobophytum-* und *Lemnalia-*Arten scheinen bisher nicht beeinträchtigt zu werden oder nur, wenn sie schon andersartig geschädigt wurden.

Diese Planarien vermehren sich lebendgebärend mit bis zu 50 Jungen in einem Zyklus. Je nach Wirtstier sind die Plattwürmer rostbraun, ocker bis braungrau gefärbt. Wir wissen bis heute nicht, warum sich diese niederen Würmer in einigen Aquarien unglaublich rasch vermehren und in anderen überhaupt nicht. Einige statistische Vergleichsuntersuchungen ergaben, daß sie besonders gehäuft auftreten, wenn im Becken der pH-Wert unter 8,1 absinkt. Bei höheren pH-Werten über 8,4 traten und treten die Planarien kaum einmal so massenhaft auf. Auch die Dichte scheint eine Rolle zu spielen, liegt sie bei 1,022 bis 1,024, gibt es weniger oft Plagegeister dieser Art als bei Dichten unter 1,020.

Die im Bild 93 vorgestellte Planarie ist ohne Mikroskop nicht von anderen Arten zu unterscheiden, die sich von Mikroalgen und Detritus ernähren. Schon bei erster Beobachtung der Würmer muß man sie mit einem Silikonschlauch, der im Winkel von ca. 45 Grad abgeschnitten wird, regelmäßig absaugen. Bei Scheibenanemonen und *Xenia-*Weichkorallen kann man auch mit einem feinen Make-Up-Pinsel versuchen, die Planarien abzustreifen und in einem feinen Netz aufzufangen.

Lederkorallen des flachen Wassers wie *Sarcophyton-, Sinularia-, Lobophytum-*Arten u. ä. darf man auch für 4 bis 5 Sekunden in Süßwasser tauchen, wo die Planarien sofort absterben oder sich vom Wirtstier abfallen lassen.

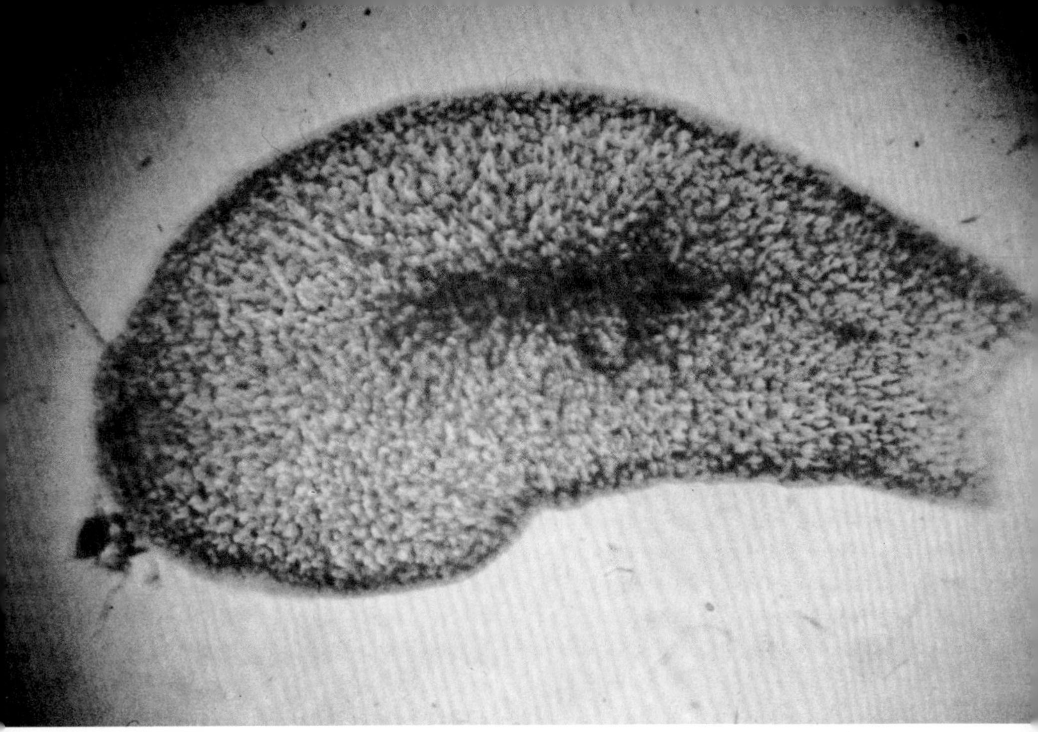

Bild 93: Üble Parasiten sind einige Planarien-Arten. Foto: J. Birkholz

Die hier gezeigte Planarie ist nicht mit einer anderen rostroten bis violettbraunen Art zu verwechseln, die nach bisherigen Beobachtungen nicht an Blumentieren parasitiert, sondern vor allem von Mikroalgen, besonders Kieselalgen, lebt. Diese Art kann sich so stark vermehren, daß handflächengroße Ansammlungen die Dekoration oder mit niederen Algen bewachsene Scheiben überziehen.
Auch hier wissen wir nicht, warum im einen Aquarium Unmengen der Würmer sich entwickeln, während andere Aquarien frei bleiben. Massenvermehrungen scheinen nach statistischen Untersuchungen besonders dann häufig aufzutreten, wenn bei offenen Aquarien viel Leitungswasser mit hohem Gehalt an gelöster Kieselsäure das verdunstete Wasser ergänzen muß. Das dann mehr oder minder starke Wachstum von Kieselalgen scheint die Massenvermehrung der algenfressenden Planarien zu fördern. Leider hilft bisher auch hier nur ein ständiges Absaugen. Erfolge wurden auch gemeldet, nachdem der pH-Wert künstlich mit Calciumhydroxidlauge, also unserem Kalkwasser, auf 8,5 bis 8,7 erhöht wurde. Alles in allem scheinen jedoch bei der Bekämpfung dieser neuen seeaquaristischen Plage ähnliche Schwierigkeiten auf uns zuzukommen wie bei der von roten Schmieralgen oder grünen Fadenalgen.
Das vermehrte Auftreten parasitischer Plattwürmer ist gewiß auch immer mit

einer latenten Schädigung vieler Blumentiere durch abgegebene Nessel- und Abwehrsekrete zu sehen. Wir dürfen ja nicht vergessen, daß wir in unseren Aquarien acht- und sechsstrahlige Korallentiere aus den unterschiedlichsten Riffgebieten und -zonen vergesellschaften. Dabei ist völlig sicher, daß sich einige Arten nicht nur mit ihren Nesselgiften und anderen Sekreten direkt schädigen, sondern auch allmählich indirekt. Der geschwächte Teil wird dann Opfer verschiedener Parasiten, wobei die Planarien wohl z. Z. die größte Rolle spielen.

Hier sind also nicht nur eventuelle schlechte aquaristische Umweltbedingungen zu beachten, die abgestellt werden können, sondern eben ganz besonders auch innerspezifische Schäden, die sich die Tiere aufgrund ihres Überlebenskampfes im Aquarium gegenseitig zufügen. Je mehr unterschiedliche Blumentiere wir in einem Becken zusammenpflegen, um so größer wird auch die Gefahr, daß die eine oder andere Tiergruppe von echten oder Gelegenheitsschmarotzern befallen wird. Bei dem heutigen großen Tierangebot werden wir also früher oder später dazu übergehen müssen, und viele Aquarianer tun dies auch schon, nur noch bestimmte ausgewählte Gruppen zu pflegen. Wir können einfach nicht verlangen, daß die sessilen Blumentiere aus unterschiedlichsten Regionen in den räumlich eng begrenzten Verhältnissen eines auch noch so großen Aquariums alle und immer miteinander auskommen.

Als Vertreter der einzelligen Lebewesen soll zum Schluß noch ein Gelegenheitsschmarotzer in Bild 94 vorgestellt werden. Es handelt sich um ein Wimpertierchen *Heliocostoma (Porpostoma) notatum* aus der Familie der *Philasteridae*. Dieser Einzeller findet sich auf fast allen Blumentieren, von Lederkorallen und Steinkorallen bis zu Scheiben- und Krustenanemonen, wenn diese irgendwie vorgeschädigt worden sind. Es werden vor allem offene Wundstellen befallen, die von anderen Parasiten verursacht worden sind oder rein mechanisch beim Transport.

Verzehrt werden neben tierischem Gewebe Zooxanthellen und wohl auch Bakterien, die sich in offenen Wundstellen immer sehr rasch ansiedeln. Nach bisherigen Beobachtungen treten diese Wimpertierchen wohl erst dann mit ungeheuren Massenvermehrungen auf, wenn ihre Wirte schon erheblich durch andere Ursachen geschädigt wurden. Es ist daher nicht genau festzustellen, ob es sich um wirkliche Parasiten handelt oder vielmehr um „Restevertilger" sowie schon geschädigten Gewebes. Würden sie nämlich jede offene Wundstelle befallen, könnten wir z. B. manche Lederkorallen gar nicht vermehren und auch mechanisch geschädigte Tierstöcke würden sich nicht regenerieren.

Zur Bekämpfung oder vielleicht besser Einschränkung dieser Wimpertierchen wie auch anderer Einzeller schneidet man alle beschädigten Teile einer Lederkoralle sauber und großzügig ab. Dabei nimmt man den Tierstock aus dem Aquarium heraus, um eine Verbreitung verletzten und befallenen Gewebes im Aquarium zu vermeiden. Die Wundstelle ist sauber zu halten, indem man den Tier-

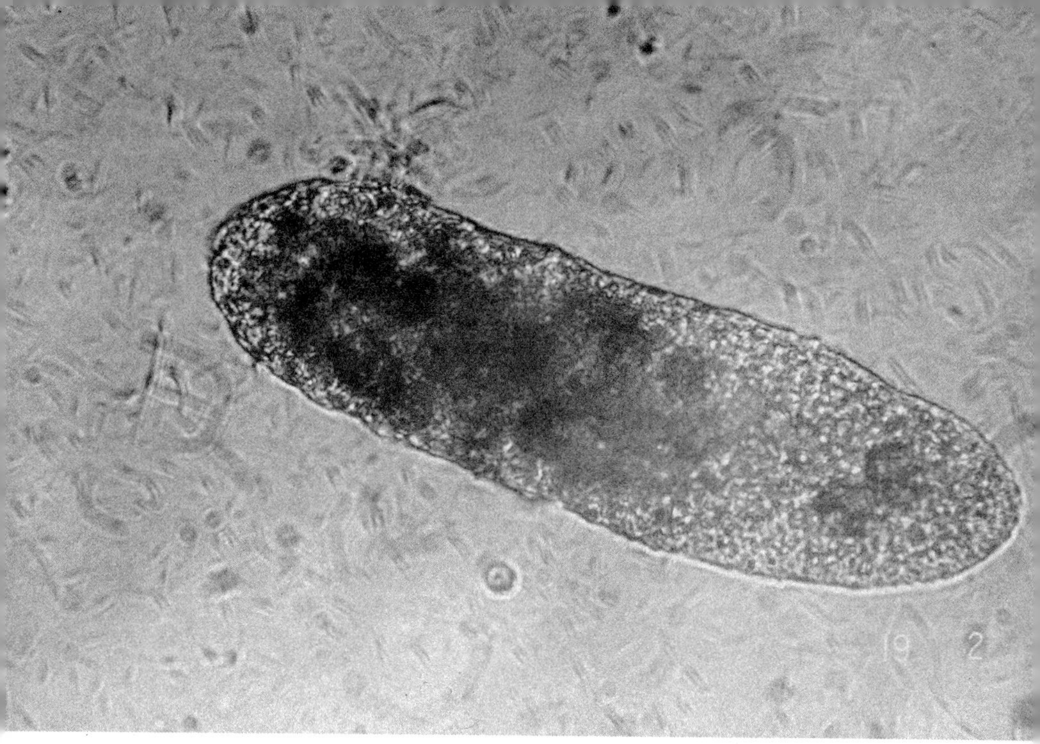

Bild 94: Ein Gelegenheitsschmarotzer ist dieses Wimpertierchen. Foto: J. Birkholz

stock für die nächsten Tage stärkster Wasserbewegung aussetzt und ihn eventuell mehrmals mit einem Pinsel reinigt. Wichtig ist, zerfallendes Gewebe regelmäßig zu entfernen, nur dann kann eine Tierkolonie gerettet werden.
Zum Schluß möchten wir noch einen Rat geben, der sich in vielen Fällen bewährt hat. Faulen einzelne Lederkorallen in einem ansonsten guten aquaristischen Milieu ständig langsam weiter, können Bakterien allein oder in Gemeinschaft verschiedener einzelliger Lebewesen die Ursache sein. In solchen Fällen schneide man die befallenen Stellen großzügig, also immer mitsamt gesundem Gewebe heraus. Anschließend verreibe man auf den Wundstellen mit einem weichen Pinsel ein wenig Chloramphenicol. Viele Bakterien werden so getötet, und es kommt auch meist nicht zu einem Sekundärbefall mit einzelligen Organismen, sog. fakultativen Schmarotzern. Man kann das Verfahren auch bei der künstlichen Vermehrung verschiedener Lederkorallen anwenden. Es muß grundsätzlich mit einer Rasierklinge oder einem scharfen Messer (Skalpell) geschnitten werden. Benutzt man nämlich Scheren, so wird das Gewebe häufig gequetscht und fault dann sehr leicht. Frisch vermehrte oder durch Parasiten geschädigte und gut gereinigte Blumentiere werden immer an strömungsstarken Stellen untergebracht, damit sie ständig von frischem Wasser umspült werden. Nur dann

kommt das fantastische Regenerationsvermögen der meisten hier beschriebenen Blumentiere voll zur Geltung.
Die hier vorgestellten Freßfeinde und Parasiten mag den einen oder anderen Aquarianer erschrecken. Wir dürfen aus unserer langjährigen Erfahrung mit unterschiedlichsten Riffaquarien aber versichern, daß es nur sehr selten einmal zu teuren Totalschäden kommt. Alle bisher bekannt gewordenen Plagegeister bringen zusammen nur einen Bruchteil der Tiere um. Weitaus mehr Wirbellose und besonders die beliebten festsitzenden Blumentiere verenden, weil unzureichende aquaristische Umweltbedingungen herrschen. Unserer Erfahrung nach lassen sich die meisten Schäden in jenen Becken nachweisen, an und in denen immer wieder mit angeblich neuen technischen Wundermitteln herumgepfuscht wird. Ein typisches Beispiel ist folgendes: Jahrelang steht das Meeraquarium recht gut mit einer Beleuchtung aus Fluoreszenzröhren. Von heute auf morgen wird der gesamte Beleuchtungskörper durch eine Halogen-Metalldampflampe ersetzt. Ein Lichtschock, den sich der physiologisch nicht vorgebildete Laie kaum vorstellen kann, bringt mit Sicherheit einige Lebewesen um. Ähnliches kann man auch immer wieder mit neuen Wundertechniken der Filterung beobachten. Hier heißt es für den biologisch auch nur ein wenig geschulten Aquarianer: Vorsicht! Will man etwas Neues ausprobieren, ändere man langsam und behalte auf jeden Fall die bis dahin einigermaßen bewährte Technik bei. So wird man z. B. HQI-Lampen stundenweise hinzuschalten und erst nach einiger Zeit, in der die Tiere sich anpassen können, die alte Beleuchtung ganz durch die neue ersetzen.
Beim Einfahren des Aquariums mit lebendem Riffgestein oder Steinen aus dem Mittelmeer achte man neben der schon erwähnten „Klimaverschlechterung" vor allem auf Glasrosen der Gattung *Aiptasia.* Sie können sich nämlich bei unserer Fütterung mit Plankton unglaublich rasch vermehren und dann fast alle Blumentiere erheblich schädigen. Wir schätzen die mit Glasrosen oder Aiptasien an den Korallentieren angerichteten Schäden größer ein, als alle durch Freßfeinde und Parasiten bedingte.
Neben der biologischen Bekämpfung der Glasrosen, die in der Literatur schon des öfteren beschrieben wurde und meist mit verschiedenen Fischen, z. B. *Chaetodon kleinii* oder *Chelmon rostratus* erfolgt, können wir Aiptasien auch mechanisch-chemisch vernichten. Sehr erfolgreich lassen sich diese unliebsamen, wenngleich sehr hübschen Anemonen mit einer Einwegspritze abtöten, die man mit 5%iger Salzsäure oder 5%iger Natronlauge füllt. Bevor man im Aquarium selbst behandelt, übe man an einem Stein mit Aiptasien in einem Glas. Man muß nämlich blitzschnell zustoßen und ein bis zwei Tropfen des Spritzeninhaltes herausdrücken. Im Aquarium selbst vernichte man auf einmal nie mehr als etwa 5 Glasrosen und warte dann einen Tag bis zur nächsten Aktion.
Erfolgreich ist auch die Methode, gut isolierten Kupferdraht einzusetzen. An der Spitze werden etwa 2 bis 3 cm der Isolierung entfernt und der Draht mit feinem

Bild 95: Skelettelemente von Lederkorallen unter dem Mikroskop. Foto: J. Birkholz

Sandpapier glänzend gereinigt. Das Kupferende stößt man dann in die Glasrose und beläßt es dort ca. 10 Minuten. Die lokale Kupfervergiftung bringt die sonst sehr zähen Anemonen um, ohne andere Tiere zu schädigen. Auch hier „behandele" man nie mehr als 5 Aiptasien. Damit wollen wir unsere Betrachtung einiger Freßfeinde, Parasiten und anderer Lebewesen abschließen und uns noch kurz dem „toten Innenleben" achtstrahliger Blumentiere zuwenden.
In diesem Buch ist viel von Skelett-Elementen die Rede. Nur wenige Aquarianer können sich unter diesem Begriff etwas vorstellen. So wollen wir in Bild 95 einmal zeigen, was unter Skelett-Elementen oder Skleriten zu verstehen ist.
Die Aufnahme zeigt uns die Sklerite einer Lederkoralle, wahrscheinlich einer *Cladiella*-Art, die etwa 0,15 bis 0,2 mm groß sind. Jedes achtstrahlige Blumentier, soweit es Skelett-Elemente entwickelt, bildet gattungs- und arteigene Kalkkörperchen von ganz charakteristischer Form aus. Diese dienen den Wissenschaftlern dann der systematischen Einordnung der Tiere, neben anderen morphologischen und heute auch physiologischen und molekulargenetischen Unterschieden. Unendlich viel ist seit mehr als einem Jahrhundert gerade mit diesen fantastisch gebildeten Kalkrädchen, -käulchen, gezackten Krummstäbchen udglm. geforscht worden, um die Vielzahl skelettabscheidender Blumentiere in

ein System zu bringen. Dementsprechend viele Gattungen und Arten sind auch beschrieben worden, wobei, wie in anderen Gebieten der botanischen und zoologischen Systematik auch, neue Erkenntnisse zu ständigen Umbenennungen führen. Den Meeresaquarianer interessieren systematische Dinge im großen und ganzen wenig. Für ihn sind die Lebensäußerungen der Wirbellosen, hier also der Blumentiere, im Aquarium wichtiger. Die Beobachtungen, die dabei gemacht werden, können aber für den Wissenschaftler ebenfalls wertvoll sein, denn über die Biologie gerade der Blumentiere wissen wir noch herzlich wenig. Veröffentlichungen in den Fachzeitschriften, die mit gutem Bildmaterial dokumentiert werden, sind für die Wissenschaftler nicht selten eine geschätzte Ergänzung. Wir möchten daher alle Seewasseraquarianer, die sich mit Riffaquarien beschäftigen, bitten, ihre Erfahrungen vermehrt in den Zeitschriften zu veröffentlichen. Einige der hier beschriebenen achtstrahligen Blumentiere lassen sich über mehrere Jahre im Aquarium halten. Das ergibt eine Fülle von Beobachtungen, wie sie kein Forscher etwa im Riff selbst machen kann.

Anhang

Im Anhang wollen wir uns noch einmal mit einigen wichtigen Faktoren in einer Kurzübersicht beschäftigen.

Die Dichte, über die wir bekanntlich den Salzgehalt messen, liegt für alle hier vorgestellten Blumentiere am besten zwischen 1,022 bis 1,024 mit Grenzwerten von 1,020 und 1,026. Höhere oder tiefere Werte sind zu vermeiden. Wichtig ist, daß der Dichtemesser oder Aräometer bei 25 Grad geeicht ist. Allmähliche Dichteschwankungen werden von den Blumentieren des flachen Wassers gut vertragen, während die Lebewesen des tieferen Wassers, etwa unter 5 bis 8 m unbedingt bei möglichst gleichbleibenden Werten gepflegt werden sollten.

Aufpassen muß man mit manchen billigen Aräometern. Sie sind meist so schlecht verarbeitet, daß ungenaue Werte ausgemessen werden. Am besten bittet man im Zweifelsfall seinen Zoofachhändler oder einen befreundeten Aquarianer, mit einem genau eingestellten Gerät, u. U. auch mit einem elektrischen Leitfähigkeitsmesser, den Dichtemesser zu prüfen.

Eine regelmäßige Kontrolle der Dichte und damit des Salzgehaltes ist bei den heute vielfach ohne Deckscheiben betriebenen Aquarien wichtig, denn hier kann die Verdunstung zu so starken Schwankungen führen, daß die Tiere geschädigt werden. Manchmal wird sogar von „alten Hasen" vergessen, daß mit dem Entschäumer ständig geringe Salzwassermengen entfernt werden. Da verdunstetes Wasser grundsätzlich mit Leitungswasser aufgefüllt wird, ergibt sich bei dem Salzverlust im Entschäumer allmählich eine immer geringere Dichte. Man fülle also von Zeit zu Zeit mit ein wenig Meerwasser auf.

Der pH-Wert für unsere Blumentiere liegt entsprechend den natürlichen Verhältnissen am günstigsten zwischen 8,2 und 8,4. Er sollte 8,0 und 8,6 über einen längeren Zeitraum nicht unter- bzw. überschreiten. Sinkt der Wert aus unerfindlichen Gründen unter 8,0, wird am besten mit Kalkwasser allmählich aufgepuffert bis mindestens 8,2 erreicht ist. Bei dem Einsatz von Halogenmetalldampflampen kann es anfangs vorkommen, daß der pH-Wert 8,6 übersteigt. Dann ist mit Kohlendioxid, das man am besten über einen Holzausströmer vorsichtig ins Wasser perlen läßt (unter ständiger pH-Wert-Kontrolle), der zu hohe Wert auf 8,2 bis 8,4 herabzudrücken. Salz- oder eine andere mineralische Säure, die von manchen Aquarianern verwandt wird, ist überhaupt nicht geeignet, denn sie zerstört das gesamte komplizierte Puffergleichgewicht.

Tag- und Nachtschwankungen des pH-Wertes etwa zwischen 8,1 und 8,4 sind normal und werden durch die Assimilations- und Dissimilationsvorgänge der Pflanzen und Tiere bestimmt. Unter dem sehr hellen HQI-Licht sind diese Schwankungen etwas stärker als unter einer Beleuchtung mit Fluoreszenzlampen. Sie sind aber im allgemeinen überhaupt nicht schädlich.

Bestimmt wird der pH-Wert im großen und ganzen mit Flüssigkeitsindikatoren, sog. pH-Tests, die mit wenigen Ausnahmen (Überalterung der Lösung z. B.) für aquaristische Bedürfnisse genau genug anzeigen. Sehr viel exakter kann der pH-Wert natürlich über ein elektrisches Meßgerät bestimmt werden, doch ist dabei zu beachten, daß die Elektrode vor jeder Messung geeicht werden muß. Bevor man sich gerade bei diesen Geräten durch eine Fehlmessung verunsichert fühlt und die oben erwähnten Gegenmaßnahmen einleitet, messe man zur Vorsicht noch mit einem Flüssigkeits-Test. Schon manches elektrische pH-Meßinstrument, und das gilt besonders für die billig auf den Markt geworfenen, hat einen völlig korrekten pH-Wert falsch angezeigt. Hastig eingeleitete Maßnahmen führten dann zum Verlust der Tiere. Im übrigen beobachte man seine Pfleglinge immer aufmerksam, zeigen sie keinerlei Unbehagen an, ist ein zu hoch oder zu niedrig ausgemessener pH-Wert mit Sicherheit falsch. In diesem Zusammenhang sei auch darauf hingewiesen, daß einige Aquarianer meinen, mit einem möglichst umfangreichen technischen Gerätepark besonders perfekt zu sein. Das Gegenteil ist oft der Fall, je mehr elektronisch gesteuertes „Brimborium" an einem Meerwasserbecken hängt, um so größer sind auch die Gefahren einer Panne. Beobachtungsgabe und biologisches Fingerspitzengefühl sind immer noch weitaus wichtiger als eine umfangreiche Meßtechnik.
Die Temperatur, die am einfachsten mit einem Regelheizer eingestellt wird, liegt für unsere Blumentiere des flachen Wassers am besten zwischen 22 und 25 Grad C. Sie darf kurzfristig bis 18 Grad fallen und sollte 30 Grad C nicht übersteigen, da dann der Sauerstoffgehalt zu stark abnimmt. Wir empfehlen daher während einer längeren Hitzeperiode das Aquarium auf wenigstens 28 Grad C zu kühlen. Bei offenen Becken kann das sehr einfach mit einem üblichen Ventilator geschehen. Bei geschlossenen Aquarien, die erfahrungsgemäß durch den Beleuchtungskörper noch etwas stärker aufgeheizt werden, verwende man sog. Kühlakkus, die in Geschäften für Campingbedarf erhältlich sind. Diese mit Spezialkühlmitteln gefüllten Plastikbehälter werden in der Tiefkühltruhe vereist. Dann packt man sie in einen Plastikbeutel und hängt sie in das Becken. Kühlmaßnahmen sind in Riffaquarien mit der Tierwelt des tieferen Wassers, also Schwämmen, bunten Weichkorallen, Hornkorallen u. ä. besonders wichtig. Hier sollte nämlich die Temperatur zwischen 20 und 22 Grad C liegen und 25 Grad C möglichst nicht übersteigen.
Auf die Tierwelt in unseren Riffbecken wirkt sich eine Temperaturabsenkung in den Wintermonaten um 1 bis 2 Grad sehr günstig aus. Wir müssen nämlich nicht unbedingt die in manchen Gebieten ziemlich gleichmäßig hohen Wärmegrade beibehalten. Die Erfahrung hat uns gezeigt, daß sich die Lebensdauer vieler Blumentiere und auch ihr Wohlbefinden erhöhen, wenn wir im Winter das Aquarium um 20 bis 22 Grad C fahren. Bei diesen Werten wird zudem die Aggressivität z. B. von Riff- und Zwergbarschen erheblich gesenkt, so daß es einfacher ist, die entsprechende Fischgesellschaft zusammenzustellen.

Die Beleuchtungsdauer sollte grundsätzlich 12 Stunden nicht überschreiten. Bei Einsatz von HQI-Lampen sind 12 Stunden hellster und gleichmäßiger Bestrahlung zuviel. Viele Aquarianer sind daher zu Recht dazu übergegangen, die HQI-Brenner nur rund 6 Stunden in Betrieb zu nehmen und die restliche Lichtperiode mit Leuchtstofflampen, wie das schon erwähnt wurde, auszugleichen. Äußerst wichtig ist – und darauf möchten wir hier nochmals mit allem Nachdruck hinweisen – HQI-Lampen mit einer zusätzlichen Milchglasscheibe über dem Aquarium abzuschalten, wenn:

1. Die vorhandene Beleuchtung gegen diesen Strahler ausgetauscht wird.
2. Der Brenner im Lampenkörper erneuert wird, wobei unbedingt auch der Starter ausgetauscht werden muß, sonst wird die neue Lampe schnell zerstört.
3. Frisch erworbene Tiere, die nicht unter HQI-Licht gehalten wurden, eingesetzt werden.

Die Blumentiere mit symbiotischen Algen passen sich zudem mehrheitlich besser an, wenn man sie in den Aquarien mit HQI-Beleuchtung anfangs am Bodengrund unterbringt. Später kann man sie dann immer noch in der Höhe versetzen.
Die Wasserbewegung wurde schon im Kapital „Lebensraum Riff und Aquarium" ausführlich behandelt. Der Übersicht halber wollen wir hier nur noch verschiedene Strömungsstärken im Vergleich zu Pumpenleistungen angeben. Als Maßgrundlage dienen uns dabei 2002- und 1001-Turbellen mit einer Literleistung ohne Vorfilter von 2 000 bzw. 1 000 pro Stunde.
Danach herrscht für uns:
Stärkste Wasserbewegung am Auslauf einer 2002-Turbelle im Abstand von 30 cm.
Starke Strömung im Abstand von 50 bis 60 cm bei Turbelle 2002 oder 30 cm bei Turbelle 1001.
Mäßige Bewegung im Abstand von 100 bis 120 cm bei Turbelle 2002 oder 60 bis 70 cm bei Turbelle 1001.
Schwache Strömung, die für die hier vorgestellten Blumentiere kaum in Frage kommt, dafür aber bei Scheibenanemonen der Gattungen *Actinodiscus* und *Rhodactis* wichtig ist, findet sich bei über 150 cm vom Auslauf einer 2002-Turbelle oder ca. 100 cm von einer Turbelle 1001.
Wichtig ist, den Blumentieren eine unregelmäßige Wasserbewegung mit Gegenströmungen und Wirbelbildung zu bieten.
Hin und wieder sieht man noch Aquarien, in denen direkt mit einem Ausströmer belüftet wird. Diese Form der Sauerstoffversorgung und Wasserbewegung gehört heute eigentlich in die „Steinzeit der Meeresaquaristik". Zum einen gibt es heute Umwälzpumpen jeder Art und Preisklasse, so daß eigentlich jeder Meeresaquarianer das Geeignete für sein Becken finden sollte, wobei wir vor allen Pumpen mit Metallturbinen, die das Meerwasser langfristig vergiften würden, warnen müssen. Zum anderen mögen die meisten Blumentiere die dauernde mechanische Reizung durch die aufwirbelnden Luftblasen überhaupt nicht!

Schließlich führt eine direkte Belüftung des Aquarienwassers nur zu unnötigen und schädlichen Versalzungen um das Aquarium.
Die Sauerstoffversorgung und der allgemeine Gasaustausch erfolgen am sinnvollsten über den Entschäumer, der wirklich ausreichend Sauerstoff in das Bekken bringt und eine Versalzung weitgehend ausschaltet. Ein Sauerstoffmangel ist bei guten Entschäumern und ausreichender Wasserumwälzung nie zu befürchten. Sauerstoffübersättigungen, die für viele Blumentiere und andere Wirbellose äußerst schädlich sind, die aber in letzter Zeit mit angeblich besseren Filtermethoden propagiert werden, lassen sich durch einen Entschäumer glücklicherweise nicht erzeugen. Wird ein Übermaß an Sauerstoff ausgemessen, so ist meist eine starke O_2-Produktion verschiedener Mikroalgen, besonders der Spalt- und Kieselalgen, während der Lichtperiode dafür verantwortlich. Diese sichtbare Gasabgabe ist, wie schon erwähnt, unbedingt auszuschalten, die Blumentiere vertragen sie überhaupt nicht! Notfalls muß gerade bei einer Beleuchtung mit HQI die Dauer der Bestrahlung eingeschränkt werden, bis die Algen mit entsprechenden Bekämpfungsmethoden beseitigt worden sind! Die Vergiftung vieler Korallentiere durch eine übermäßige Sauerstoffproduktion, die manchmal noch aus Unkenntnis mit einer zu hohen Ozonisierung verstärkt wird, ist heute leider oft zu beobachten. Sauerstoffübersättigte Gewässer – das weiß jeder Biologe, der sich mit der Materie beschäftigt –, sind genauso lebensfeindlich wie zu sauerstoffarme.
Zur dauerhaften und kontinuierlichen Entfernung biologisch nicht mehr abbaubarer Farbstoffe, der sog. Gelbstoffe, die neben Nitraten und Phosphaten u. a. zu den Endprodukten biologischen Abbaus gehören, empfehlen wir seit einigen Jahren die hochgereinigte Aktivkohle „Hydrocarbon“. Ihr Einsatz in untergetaucht betriebenen biologischen Kammerfiltern hat sich sehr bewährt. „Hydrocarbon“ garantiert eine wirksame Entgiftung des Seewassers und beseitigt auch einen Großteil jener Substanzen, die als Nessel- und Abwehrsekrete von den Blumentieren ins Wasser abgeschieden werden. Da diese hochadsorptive Kohle mit einer inneren Filteroberfläche von über 800 m^2 pro Gramm 6 bis 8 Monate ohne jegliche Vergiftungsgefahr im Filtersystem belassen werden kann, stellt sich schon nach wenigen Wochen eine ständige Nitratverminderung (biologische Denitrifikation) ein. Die Aufnahmefähigkeit der „Hydrocarbon“ für Gelbstoffe ist erschöpft, wenn man mit einem weißen Porzellanteller als Sichtscheibe z. B. eine erneute Einfärbung des Aquarienwassers beobachtet. Die Aktivkohle wirkt von nun an nur noch als rein biologisches Abbausubstrat, dessen Denitrifikationsfähigkeit jedoch voll erhalten bleibt. Wichtig ist nun, daß man ca. 30 Prozent der Kohle gegen frische austauscht, während die restlichen 70 Prozent gut in Seewasser durchgespült werden. Danach gibt man neue und alte Aktivkohle, am besten in Filtersäckchen getrennt verpackt so in das Filtersystem, daß das einlaufende Wasser zuerst die frische Kohle durchfließt. Mit diesem Verfahren wird der gesamte biologische Abbau einschließlich der Denitrifikation ohne nen-

nenswerte Unterbrechung fortgeführt. Auf keinen Fall darf Aktivkohle, die wieder im Becken eingesetzt werden soll, mit Süßwasser durchgespült werden. Damit würden wir die gesamte Bakterienfauna töten!
Wird „Hydrocarbon“ zum ersten Mal in einem schon besetzten Aquarium eingesetzt, beginne man mit kleinen Mengen zwischen 20 und 50 Gramm. Das hochadsorptive Material würde bei größeren Mengen alle organisch gelösten Substanzen sofort anlagern und aus dem Wasserkreislauf entfernen. Dies ist zu vermeiden! Wir fangen also mit kleinen Mengen an und erhöhen im Abstand von ca. einem Monat jeweils um 20 Gramm, bis wir, falls das Filtersystem es zuläßt, eine Gesamtmenge von ca. 500 Gramm pro 100 Liter Aquarienwasser erreicht haben. Danach beobachten wir nur noch die Bildung von Gelb- und „Urinfarbstoffen“ und verfahren beim Wechsel wie eingangs erwähnt.
Im übrigen werden wir eine ausführliche Darstellung mechanischer und biologischer Filtermethoden samt ihren Vor- und Nachteilen in einem der folgenden Bändchen über Aquarientechnik im Meerwasser bringen. Hier sollte nur ein Verfahren sinnvoller Reinigung, Entgiftung und biologisch-bakterieller Wasseraufbereitung kurz vorgestellt werden, um einige Anregungen zu bieten.
Wie schon erwähnt, ist das Leitungswasser, das wir für unser künstliches Meerwasser im allgemeinen verwenden, in vielen Gegenden nicht mehr für die Aquaristik geeignet. Wir empfehlen daher allen Seewasserfreunden, die hier Probleme haben, sich die Wasseranalysen ihres zuständigen Wasserwerkes zu besorgen. Da ich mich beruflich viele Jahre mit Aufbereitungsproblemen vieler Art beschäftigt habe, bin ich gern bereit, über den Verlag entsprechende Auskünfte über Wasserfragen zu geben. Ich werde die Probleme in Notfällen direkt behandeln oder zusammengefaßt in einer aquaristischen Fachzeitschrift veröffentlichen. Johannes Birkholz und ich wissen aus langjähriger Erfahrung, wie wichtig die Qualität des Leitungswassers heute für die Meeresaquaristik geworden ist.
An dieser Stelle sei noch erwähnt, daß bei ungeeignetem Leitungswasser (zuviel Nitrat und Phosphat und/oder ein zu hoher Gehalt an gelöster Kieselsäure) nur ein Vollentsalzer sinnvoll hilft. Entsprechende Geräte werden mittlerweile im Fachhandel angeboten. Für den Aquarianer, der sich nicht mit den chemisch-technischen Zusammenhängen eines Vollentsalzers oder Ionenaustauschers befassen möchte, ist ein sog. Mischbettaustauscher am besten. Diese Geräte müssen zur Regeneration an den Hersteller zurückgesandt werden. Ionenaustauscher, die als sog. Nitratfilter manchmal angeboten werden, sind nur im Süßwasser anwendbar, im Meerwasser funktionieren sie nicht. Inwieweit ihr Einsatz sinnvoll ist, hängt von den anderen Wasserinhaltsstoffen, Phosphat oder Kieselsäure u. a. ab, die mit diesen Spezialaustauschern nicht entfernt werden. Muß das Leitungswasser entmineralisiert werden, verwende man daher besser gleich einen Vollentsalzer.
Über den Wasserwechsel bestehen oft noch Unklarheiten. Wir empfehlen monatlich etwa 5 Prozent des Beckenwassers gegen frisches Meerwasser auszutau-

schen. Bei den Blumentieren des tieferen Wassers müssen wegen der viel stärkeren Fütterung rund 5 Prozent alle 14 Tage ausgewechselt werden. Im allgemeinen sollten nie mehr als ca. 10 Prozent auf einmal ausgetauscht werden.
Bei hervorragenden Meersalzmischungen wie „Tropen Meersalz" kann aufgrund der sehr homogenen Salzverteilung, die alle wichtigen Spurenelemente einschließt, das frisch angesetzte Seewasser nach Dichte-Anpassung sofort verwandt werden. Die früher übliche Lagerung ist nicht mehr nötig.
Die Fütterung der hier vorgestellten Blumentiere ist, mit Ausnahme der bunten Weich- und Hornkorallen, sehr einfach. Sehr gutes tiefgefrorenes Plankton wie Cyclops und Bosmiden, Hummer- und Fischrogen sowie verschiedene Nordseeorganismen sind in guten Fachgeschäften erhältlich. Das gilt auch für gefriergetrocknete Plankton-Lebewesen wie „Rotes Nordseeplankton" und „Natur Mikro-Plankton", das die Corallen-Center GmbH in Zusammenarbeit mit mir entwickelt hat. Auch feinst zerriebenes Flockenfutter und im Mixer staubfein gemahlenes Futter aus gefriergetrockenetem Krill, Garnelen, Muschelfleissch u. ä. wird von den Tieren gefressen.
Wichtig ist, daß immer nur geringe Mengen (ein halber bis höchstens ein ganzer Mokkalöffel voll) im Wasser verteilt werden, wobei man die Umwälzpumpen nach guter Durchwirbelung für etwa eine halbe Stunde abstellen sollte, damit sich das Schwebefutter allmählich absinken kann. Gefüttert wird drei bis vier Mal pro Woche. Alle Blumentiere mit symbiotischen Algen kommen durchaus auch einmal 4 bis 6 Wochen ohne jede Nahrung aus. Nur die Blumentiere des tieferen Wassers müssen täglich mindestens zwei Mal gezielt ernährt werden. Als Flüssigfutter ist nach wie vor „Liquifry Marine" zu empfehlen, das man mit etwa 10 Tropfen 3 bis 4 Mal wöchentlich reichen sollte. Als Lebendfutter können noch Rädertierchen und Artemia-Nauplien aus entsprechenden Kulturansätzen verwandt werden, doch ist der Aufwand dafür so hoch, daß ihn die meisten Aquarianer heute scheuen, zumal es wirklich hervorragenden Ersatz gibt.
Damit wollen wir unsere Übersicht abschließen und hoffen, daß die hier vorgestellten reizvollen und immer noch geheimnisreichen Blumentiere dem Seetierfreund vertrauter werden.
In einem folgenden Band werden wir uns mit den ebenso interessanten Scheiben- und Krustenanemonen sowie haltbaren Steinkorallen befassen.

Literaturnachweis

Zum Studium der achtstrahligen Blumentiere sowie allgemeiner riffökologischer Aspekte wurden die Arbeiten folgender Autoren im wesentlichen verwandt:

J. Alloiteau
J. H. Ashworth
F. M. Bayer
J. Bennet
G. C. Bourne
H. Broch
E. Burchardt
J. Cohen
J. D. Dana
E. Deichmann
C. G. Ehrenberg
L. Fishelson
L. Franzisket
H. W. Fricke
S. A. Gerlach
J. E. Gray
W. D. Henderson
S. J. Hickson
O. Holm
L. H. Hyman
C. B. Klunzinger
K. Kolonko
W. Kükenthal
H. Laackmann
J. B. P. A. de Lamarck
J. V. F. Lamouroux
J. Lange
R. P. Lesson
C. von Linné
J. Lüttschwager
L. M. J. Macfayden
J. J. Madsen
E. von Marenzeller
W. May
H. Milne Edwards & J. Haine
K. Möbius
R. C. Moore
J. Moser
C. Mukundan
L. Muscatine
E. M. Pratt
A. Pütter
R. J. C. Quoy & J. P. Gaimard
O. Ridley
H. A. Roxas
E. S. Russel
G. Scheer
A. Schenk
E. W. Shenn
H. Schuhmacher
J. S. Simpson
G. Stiasny
T. A. Stoddard
Th. Studer
D. L. Taylor
J. A. Thomson
A. Tixier-Durivault
H. Utinomi
A. Verill
J. Versefeldt
J. W. Wells
T. Whitelegge
P. Wilkens
E. P. Wright
C. M. Yonge

Sachregister

die mit * bezeichneten Seiten = Bilder

In Vorbereitung:

Das Seewasseraquarium

In diesem Buch wird ein Gesamtüberblick heutiger meeresaquaristischer Praxis geboten. Es werden verschiedene Aquarientypen vorgestellt. Ausführlich werden, besonders für den Anfänger, dargestellt:

Mechanische Filterung

Biologische Filterverfahren und bakterieller Stoffabbau

Chemisch-technische Wasseraufbereitung über Entschäumer, Aktivkohle, Ozon und Wasserstoffperoxid sowie Ionenaustauscher

Beleuchtung und Heizung

Dekoration und Bodengrund

Kunststoffe und ihre Verwendung im Seewasseraquarium

Das Meerwasser in seiner Zusammensetzung und biologischen Reifung

Meeresalgen

Voranzeige

Niedere Tiere
Steinkorallen, Scheiben- und Krustenanemonen

In diesem Band wird die Vorstellung festsitzender Blumentiere tropischer Riffgebiete und Felsküsten fortgesetzt. Besprochen und im Bild vorgestellt werden einige haltbare Steinkorallen sowie die große Fülle der inzwischen regelmäßig importierten Scheiben- und Krustenanemonen. Wie im vorliegenden Band über die achtstrahlien Blumentiere werden auch diese sechsstrahligen Blumentiere in ihrem natürlichen Lebensraum und in der Aquariumpflege abgehandelt. Das Ganze wird wieder mit Angaben über ihre Vergesellschaftung mit anderen Wirbellosen und über Parasiten etc. ergänzt.